中华人民共和国国家标准

生活垃圾卫生填埋处理技术规范

Technical code for municipal solid waste sanitary landfill

GB 50869 - 2013

主编部门:中华人民共和国住房和城乡建设部
批准部门:中华人民共和国住房和城乡建设部
施行日期:2 0 1 4 年 3 月 1 日

中国计划出版社

2013 北 京

中华人民共和国国家标准

生活垃圾卫生填埋处理技术规范

GB 50869－2013

☆

中国计划出版社出版发行

网址：www.jhpress.com

地址：北京市西城区木樨地北里甲 11 号国宏大厦 C 座 3 层

邮政编码：100038　电话：(010) 63906433（发行部）

北京市科星印刷有限责任公司印刷

850mm×1168mm　1/32　6 印张　149 千字

2013 年 12 月第 1 版　2021 年 3 月第 8 次印刷

☆

统一书号：1580242·139

定价：36.00 元

中华人民共和国住房和城乡建设部公告

第 107 号

住房城乡建设部关于发布国家标准《生活垃圾卫生填埋处理技术规范》的公告

现批准《生活垃圾卫生填埋处理技术规范》为国家标准,编号为 GB 50869—2013,自 2014 年 3 月 1 日起实施。其中,第 3.0.3、4.0.2、8.1.1、10.1.1、11.1.1、11.6.1、11.6.3、11.6.4、15.0.5 条为强制性条文,必须严格执行。原行业标准《生活垃圾卫生填埋技术规范》CJJ 17—2004 同时废止。

本规范由我部标准定额研究所组织中国计划出版社出版发行。

中华人民共和国住房和城乡建设部
2013 年 8 月 8 日

前　言

根据住房和城乡建设部《关于印发〈2008 年工程建设标准规范制订、修订计划(第一批)〉的通知》(建标〔2008〕102 号文)的要求,规范编制组经广泛调查研究,认真总结实践经验,参考有关国际标准和国内先进标准,并在广泛征求意见的基础上,编制了本规范。

本规范共分 16 章和 5 个附录,主要内容包括总则,术语,填埋物入场技术要求,场址选择,总体设计,地基处理与场地平整,垃圾坝与坝体稳定性,防渗与地下水导排,防洪与雨污分流系统,渗沥液收集与处理,填埋气体导排与利用,填埋作业与管理,封场与堆体稳定性,辅助工程,环境保护与劳动卫生,工程施工及验收。

本规范中以黑体字标志的条文为强制性条文,必须严格执行。

本规范由住房和城乡建设部负责管理和对强制性条文的解释,由华中科技大学负责日常管理,由华中科技大学环境科学与工程学院负责具体技术内容的解释。执行过程中如有意见或建议,请寄送华中科技大学环境科学与工程学院(地址:湖北省武汉市洪山区珞瑜路 1037 号,邮政编码:430074)。

本规范主编单位、参编单位、主要起草人和主要审查人:

主 编 单 位:华中科技大学

参 编 单 位:中国科学院武汉岩土力学研究所

中国市政工程中南设计研究总院

上海市环境工程设计科学研究院

城市建设研究院

武汉市环境卫生科研设计院

北京高能时代环境技术股份有限公司

天津市环境卫生工程设计院

深圳市中兰环保科技有限公司

中国瑞林工程技术有限公司

宁波市鄞州区绿州能源利用有限公司

主要起草人:陈朱蕾　薛　强　冯其林　刘　勇　杨　列
罗继武　余　毅　王敬民　齐长青　田　宇
葛　芳　龙　燕　王志国　郑得鸣　刘泽军
史波芬　夏小红　谢文刚　曹　丽　史东晓
俞瑛健

主要审查人:徐文龙　邓志光　秦　峰　张　范　吴文伟
张　益　陶　华　王　琦　陈云敏　潘四红
熊　辉

目　　次

Contents

1 总　则

1.0.1 依据《中华人民共和国固体废物污染环境防治法》，为贯彻国家有关生活垃圾处理的技术法规和技术政策，保证生活垃圾卫生填埋（简称填埋）处理工程质量，制定本规范。

1.0.2 本规范适用于新建、改建、扩建的生活垃圾卫生填埋处理工程的选址、设计、施工、验收和作业管理。

1.0.3 填埋处理工程应不断总结设计与运行经验，在汲取国内外先进技术及科研成果的基础上，经充分论证，可采用技术先进、经济合理的新工艺、新技术、新材料和新设备，提高生活垃圾卫生填埋处理技术的水平。

1.0.4 填埋处理工程的选址、设计、施工、验收和作业管理除应符合本规范外，尚应符合国家现行有关标准的规定。

2 术 语

2.0.1 卫生填埋 sanitary landfill

填埋场采取防渗、雨污分流、压实、覆盖等工程措施,并对渗沥液、填埋气体及臭味等进行控制的生活垃圾处理方法。

2.0.2 填埋库区 compartment

填埋场中用于填埋生活垃圾的区域。

2.0.3 填埋库容 landfill capacity

填埋库区填入的生活垃圾和功能性辅助材料所占用的体积,即封场堆体表层曲面与平整场底层曲面之间的体积。

2.0.4 有效库容 effective capacity

填埋库区填入的生活垃圾所占用的体积。

2.0.5 垃圾坝 retaining dam

建在填埋库区汇水上下游或周边或库区内,由土石等建筑材料筑成的堤坝。不同位置的垃圾坝有不同的作用(上游的坝截留洪水,下游的坝阻挡垃圾形成初始库容,库区内的坝用于分区等)。

2.0.6 防渗系统 lining system

在填埋库区和调节池底部及四周边坡上为构筑渗沥液防渗屏障所选用的各种材料组成的体系。

2.0.7 防渗结构 liner structure

防渗系统各种材料组成的空间层次。

2.0.8 人工合成衬里 artificial liners

利用人工合成材料铺设的防渗层衬里,目前使用的人工合成衬里为高密度聚乙烯(HDPE)土工膜。采用一层人工合成衬里铺设的防渗系统为单层衬里,采用两层人工合成衬里铺设的防渗系统为双层衬里。

2.0.9 复合衬里 composite liners

采用两种或两种以上防渗材料复合铺设的防渗系统（HDPE土工膜＋黏土复合衬里或 HDPE 土工膜＋GCL 钠基膨润土垫复合衬里）。

2.0.10 土工复合排水网 geofiltration compound drainage net

由立体结构的塑料网双面粘接渗水土工布组成的排水网，可替代传统的砂石层。

2.0.11 土工滤网 geofiltration fabric

又称有纺土工布，由单一聚合物制成的，或聚合物材料通过机械固结、化学和其他粘合方法复合制成的可渗透的土工合成材料。

2.0.12 非织造土工布（无纺土工布） nonwoven geotextile

由定向的或随机取向的纤维通过摩擦和（或）抱合和（或）粘合形成的薄片状、纤网状或絮垫状土工合成材料。

2.0.13 垂直防渗帷幕 vertical barriers

利用防渗材料在填埋库区或调节池周边设置的竖向阻挡地下水或渗沥液的防渗结构。

2.0.14 雨污分流系统 rainwater and sewage shunting system

根据填埋场地形特点，采用不同的工程措施对填埋场雨水和渗沥液进行有效收集与分离的体系。

2.0.15 地下水收集导排系统 groundwater collection and removal system

在填埋库区和调节池防渗系统基础层下部，用于将地下水汇集和导出的设施体系。

2.0.16 渗沥液收集导排系统 leachate collection and removal system

在填埋库区防渗系统上部，用于将渗沥液汇集和导出的设施体系。

2.0.17 盲沟 leachate trench

位于填埋库区防渗系统上部或填埋体中，采用高过滤性能材料导排渗沥液的暗渠(管)。

2.0.18 集液井(池) leachate collection well(pond)

在填埋场修筑的用于汇集渗沥液,并可自流或用提升泵将渗沥液排出的构筑物。

2.0.19 调节池 equalization basin

在渗沥液处理系统前设置的具有均化、调蓄功能或兼有渗沥液预处理功能的构筑物。

2.0.20 填埋气体 landfill gas

填埋体中有机垃圾分解产生的气体,主要成分为甲烷和二氧化碳。

2.0.21 产气量 gas generation volume

填埋库区中一定体积的垃圾在一定时间中厌氧状态下产生的气体体积。

2.0.22 产气速率 gas generation rate

填埋库区中一定体积的垃圾在单位时间内的产气量。

2.0.23 被动导排 passive ventilation

利用填埋气体自身压力导排气体的方式。

2.0.24 主动导排 initiative guide and extraction

采用抽气设备对填埋气体进行导排的方式。

2.0.25 气体收集率 ratio of landfill gas collection

填埋气体抽气流量与填埋气体估算产生速率之比。

2.0.26 导气井 extraction well

周围用过滤材料构筑,中间为多孔管的竖向导气设施。

2.0.27 导气盲沟 extraction trench

周围用过滤材料构筑,中间为多孔管的水平导气设施。

2.0.28 填埋单元 landfill cell

按单位时间或单位作业区域划分的由生活垃圾和覆盖材料组成的填埋堆体。

2.0.29 覆盖 cover

采用不同的材料铺设于垃圾层上的实施过程，根据覆盖要求和作用的不同可分为日覆盖、中间覆盖和最终覆盖。

2.0.30 填埋场封场　　closure of landfill

填埋作业至设计终场标高或填埋场停止使用后，堆体整形、不同功能材料覆盖及生态恢复的过程。

3 填埋物入场技术要求

3.0.1 进入填埋场的填埋物应是居民家庭垃圾、园林绿化废弃物、商业服务网点垃圾、清扫保洁垃圾、交通物流场站垃圾、企事业单位的生活垃圾及其他具有生活垃圾属性的一般固体废弃物。

3.0.2 城镇污水处理厂污泥进入生活垃圾填埋场混合填埋处置时,应经预处理改善污泥的高含水率、高黏度、易流变、高持水性和低渗透系数的特性,改性后的泥质除应符合现行国家标准《城镇污水处理厂污泥处置 混合填埋用泥质》GB/T 23485 的规定外,尚应达到以下岩土力学指标的规定:

    1 无侧限抗压强度$\geqslant 50 \mathrm{kN/m^2}$;

    2 十字板抗剪强度$\geqslant 25 \mathrm{kN/m^2}$;

    3 渗透系数为 $10^{-6} \mathrm{cm/s} \sim 10^{-5} \mathrm{cm/s}$。

3.0.3 **填埋物中严禁混入危险废物和放射性废物。**

3.0.4 生活垃圾焚烧飞灰和医疗废物焚烧残渣经处理后满足现行国家标准《生活垃圾填埋场污染控制标准》GB 16889 规定的条件,可进入生活垃圾填埋场填埋处置。处置时应设置与生活垃圾填埋库区有效分隔的独立填埋库区。

3.0.5 填埋物应按重量进行计量、统计与核定。

3.0.6 填埋物含水量、可生物降解物、外形尺寸应符合具体填埋工艺设计的要求。有条件的填埋场宜采取机械－生物预处理减量化措施。

4 场址选择

4.0.1 填埋场选址应先进行下列基础资料的搜集:

1 城市总体规划和城市环境卫生专业规划;

2 土地利用价值及征地费用;

3 附近居住情况与公众反映;

4 附近填埋气体利用的可行性;

5 地形、地貌及相关地形图;

6 工程地质与水文地质条件;

7 设计频率洪水位、降水量、蒸发量、夏季主导风向及风速、基本风压值;

8 道路、交通运输、给排水、供电、土石料条件及当地的工程建设经验;

9 服务范围的生活垃圾量、性质及收集运输情况。

4.0.2 填埋场不应设在下列地区:

1 地下水集中供水水源地及补给区,水源保护区;

2 洪泛区和泄洪道;

3 填埋库区与敞开式渗沥液处理区边界距居民居住区或人畜供水点的卫生防护距离在 500m 以内的地区;

4 填埋库区与渗沥液处理区边界距河流和湖泊 50m 以内的地区;

5 填埋库区与渗沥液处理区边界距民用机场 3km 以内的地区;

6 尚未开采的地下蕴矿区;

7 珍贵动植物保护区和国家、地方自然保护区;

8 公园,风景、游览区,文物古迹区,考古学、历史学及生物学研究考察区；

9 军事要地、军工基地和国家保密地区。

4.0.3 填埋场选址应符合现行国家标准《生活垃圾填埋场污染控制标准》GB 16889 和相关标准的规定,并应符合下列规定:

1 应与当地城市总体规划和城市环境卫生专业规划协调一致;

2 应与当地的大气防护、水土资源保护、自然保护及生态平衡要求相一致;

3 应交通方便,运距合理;

4 人口密度、土地利用价值及征地费用均应合理;

5 应位于地下水贫乏地区、环境保护目标区域的地下水流向下游地区及夏季主导风向下风向;

6 选址应有建设项目所在地的建设、规划、环保、环卫、国土资源、水利、卫生监督等有关部门和专业设计单位的有关专业技术人员参加;

7 应符合环境影响评价的要求。

4.0.4 填埋场选址比选应符合下列规定:

1 场址预选:应在全面调查与分析的基础上,初定 3 个或 3 个以上候选场址,通过对候选场址进行踏勘,对场地的地形、地貌、植被、地质、水文、气象、供电、给排水、覆盖土源、交通运输及场址周围人群居住情况等进行对比分析,宜推荐 2 个或 2 个以上预选场址。

2 场址确定:应对预选场址方案进行技术、经济、社会及环境比较,推荐一个拟定场址。并应对拟定场址进行地形测量、选址勘察和初步工艺方案设计,完成选址报告或可行性研究报告,通过审查确定场址。

5 总 体 设 计

5.1 一 般 规 定

5.1.1 填埋场总体设计应采用成熟的技术和设备,做到技术可靠、节约用地、安全卫生、防止污染、方便作业、经济合理。

5.1.2 填埋场总占地面积应按远期规模确定。填埋场的各项用地指标应符合国家有关规定及当地土地、规划等行政主管部门的要求。填埋场宜根据填埋场处理规模和建设条件作出分期和分区建设的总体设计。

5.1.3 填埋场主体工程构成内容应包括:计量设施,地基处理与防渗系统,防洪、雨污分流及地下水导排系统,场区道路,垃圾坝,渗沥液收集和处理系统,填埋气体导排和处理(可含利用)系统,封场工程及监测井等。

5.1.4 填埋场辅助工程构成内容应包括:进场道路,备料场,供配电,给排水设施,生活和行政办公管理设施,设备维修,消防和安全卫生设施,车辆冲洗、通信、监控等附属设施或设备,并宜设置应急设施(包括垃圾临时存放、紧急照明等设施)。Ⅲ类以上填埋场宜设置环境监测室、停车场等设施。

5.2 处理规模与填埋库容

5.2.1 填埋场处理规模宜符合下列规定:

1 Ⅰ类填埋场:日平均填埋量宜为 1200t/d 及以上;

2 Ⅱ类填埋场:日平均填埋量宜为 500t/d～1200t/d(含 500t/d);

3 Ⅲ类填埋场:日平均填埋量宜为 200t/d～500t/d(含 200t/d);

4 Ⅳ类填埋场:日平均填埋量宜为 200t/d 以下。

5.2.2 填埋场日平均填埋量应根据城市环境卫生专业规划和该工程服务范围的生活垃圾现状产生量及预测产生量和使用年限确定。

5.2.3 填埋库容应保证填埋场使用年限在 10 年及以上,特殊情况下不应低于 8 年。

5.2.4 填埋库容可按本规范附录 A 第 A.0.1 条方格网法计算确定,也可采用三角网法、等高线剖切法等。有效库容可按本规范附录 A 第 A.0.2 条计算确定。

5.3 总平面布置

5.3.1 填埋场总平面布置应根据场址地形(山谷型、平原型与坡地型),结合风向(夏季主导风)、地质条件、周围自然环境、外部工程条件等,并应考虑施工、作业等因素,经过技术经济比较确定。

5.3.2 总平面应按功能分区合理布置,主要功能区包括填埋库区、渗沥液处理区、辅助生产区、管理区等,根据工艺要求可设置填埋气体处理及利用区、生活垃圾机械—生物预处理区等。

5.3.3 填埋库区的占地面积宜为总面积的 70%~90%,不得小于 60%。每平方米填埋库区垃圾填埋量不宜低于 10m³。

5.3.4 填埋库区应按照分区进行布置,库区分区的大小主要应考虑易于实施雨污分流,分区的顺序应有利于垃圾场内运输和填埋作业,应考虑与各库区进场道路的衔接。

5.3.5 渗沥液处理区的布置应符合下列规定:

1 处理构筑物间距应紧凑、合理,符合现行国家标准《建筑设计防火规范》GB 50016 的要求,并应满足各构筑物的施工、设备安装和埋设各种管道以及养护、维修和管理的要求。

2 臭气集中处理设施、脱水污泥堆放区域宜布置在夏季主导风向下风向。

5.3.6 辅助生产区、管理区布置应符合下列规定:

1 辅助生产区、管理区宜布置在夏季主导风向的上风向,与填埋库区之间宜设绿化隔离带。

    2 管理区各项建(构)筑物的组成及其面积应符合国家有关规定。

5.3.7 填埋场的管线布置应符合下列规定:

    1 雨污分流导排和填埋气体输送管线应全面安排,做到导排通畅。

    2 渗沥液处理构筑物间输送渗沥液、污泥、上清液和沼气的管线布置应避免相互干扰,应使管线长度短、水头损失小、流通顺畅、不易堵塞和便于清通。各种管线宜用不同颜色加以区别。

5.3.8 环境监测井布置应符合现行国家标准《生活垃圾卫生填埋场环境监测技术要求》GB/T 18772 的有关规定。

5.4 竖 向 设 计

5.4.1 填埋场竖向设计应结合原有地形,做到有利于雨污分流和减少土方工程量,并宜使土石方平衡。

5.4.2 填埋库区垂直分区标高宜结合边坡土工膜的锚固平台高程确定,封场标高与边坡应按本规范第 13 章封场与堆体稳定性的规定执行。

5.4.3 填埋库区库底渗沥液导排系统纵向坡度不宜小于 2%。在截洪沟、排水沟等的走线设置上应充分利用原有地形,坡度应使雨水导排顺畅且避免过度冲刷。

5.4.4 调节池宜设置在场区地势较低处,地下水位较低或岩层较浅的地区,宜减少下挖深度。

5.5 填埋场道路

5.5.1 填埋场道路应根据其功能要求分为永久性道路和库区内临时性道路进行布局。永久性道路应按现行国家标准《厂矿道路设计规范》GBJ 22 中的露天矿山道路三级或三级以上标准设计;库区内临时性道路及回(会)车和作业平台可采用中级或低级路面,并宜有防滑、防陷设施。填埋场道路应满足全天候使用,并应做好排水措施。

5.5.2 道路路线设计应根据填埋场地形、地质、填埋作业顺序,各填埋阶段标高以及堆土区、渗沥液处理区和管理区位置合理布设。

5.5.3 道路设计应满足垃圾运输车交通量、车载负荷及填埋场使用年限的需求,并应与填埋场竖向设计和绿化相协调。

5.6 计 量 设 施

5.6.1 地磅房应设置在填埋场的交通入口处,并应具有良好的通视条件。

5.6.2 地磅进车端的道路坡度不宜过大,宜设置为平坡直线段,地磅前方 10m 处宜设置减速装置。

5.6.3 计量地磅宜采用动静态电子地磅,地磅规格宜按垃圾车最大满载重量的 1.3 倍～1.7 倍配置,称量精度不宜小于贸易计量Ⅲ级。

5.6.4 填埋场的计量设施应具有称重、记录、打印与数据处理、传输功能,宜配置备用电源。

5.7 绿化及其他

5.7.1 填埋场的绿化布置应符合总平面布置和竖向设计要求,合理安排绿化用地,场区绿化率宜控制在 30% 以内。

5.7.2 填埋场绿化应结合当地的自然条件,选择适宜的植物。填埋场永久性道路两侧及主要出入口、库区与辅助生产区、管理区之间、防火隔离带外、受西晒的生产车间及建筑物、受雨水冲刷的地段等处均宜设置绿化带。填埋场封场覆盖后应进行生态恢复。

5.7.3 填埋库区周围宜设安全防护设施及不少于 8m 宽度的防火隔离带,填埋作业区宜设防飞散设施。

5.7.4 填埋场相关建(构)筑物应进行防雷设计,并应符合现行国家标准《建筑物防雷设计规范》GB 50057 的要求。

6 地基处理与场地平整

6.1 地 基 处 理

6.1.1 填埋库区地基应是具有承载填埋体负荷的自然土层或经过地基处理的稳定土层,不得因填埋堆体的沉降而使基层失稳。对不能满足承载力、沉降限制及稳定性等工程建设要求的地基应进行相应的处理。

6.1.2 填埋库区地基及其他建(构)筑物地基的设计应按国家现行标准《建筑地基基础设计规范》GB 50007 及《建筑地基处理技术规范》JGJ 79 的有关规定执行。

6.1.3 在选择地基处理方案时,应经过实地的考察和岩土工程勘察,结合考虑填埋堆体结构、基础和地基的共同作用,经过技术经济比较确定。

6.1.4 填埋库区地基应进行承载力计算及最大堆高验算。

6.1.5 应防止地基沉降造成防渗衬里材料和渗沥液收集管的拉伸破坏,应对填埋库区地基进行地基沉降及不均匀沉降计算。

6.2 边 坡 处 理

6.2.1 填埋库区地基边坡设计应按国家现行标准《建筑边坡工程技术规范》GB 50330、《水利水电工程边坡设计规范》SL 386 的有关规定执行。

6.2.2 经稳定性初步判别有可能失稳的地基边坡以及初步判别难以确定稳定性状的边坡应进行稳定计算。

6.2.3 对可能失稳的边坡,宜进行边坡支护等处理。边坡支护结构形式可根据场地地质和环境条件、边坡高度以及边坡工程安全等级等因素选定。

6.3 场 地 平 整

6.3.1 场地平整应满足填埋库容、边坡稳定、防渗系统铺设及场地压实度等方面的要求。

6.3.2 场地平整宜与填埋库区膜的分期铺设同步进行,并应考虑设置堆土区,用于临时堆放开挖的土方。

6.3.3 场地平整应结合填埋场地形资料和竖向设计方案,选择合理的方法进行土方量计算。填挖土方相差较大时,应调整库区设计高程。

7 垃圾坝与坝体稳定性

7.1 垃圾坝分类

7.1.1 根据坝体材料不同,坝型可分为(黏)土坝、碾压式土石坝、浆砌石坝及混凝土坝四类。采用一种筑坝材料的应为均质坝,采用两种及以上筑坝材料的应为非均质坝。

7.1.2 根据坝体高度不同,坝高可分为低坝(低于 5m)、中坝(5m～15m)及高坝(高于 15m)。

7.1.3 根据坝体所处位置及主要作用不同,坝体位置类型分类宜符合表 7.1.3 的规定。

表 7.1.3 坝体位置类型分类表

坝体类型	习惯名称	坝体位置	坝体主要作用
A	围堤	平原型库区周围	形成初始库容、防洪
B	截洪坝	山谷型库区上游	拦截库区外地表径流并形成库容
C	下游坝	山谷型或库区与调节池之间	形成库容的同时形成调节池
D	分区坝	填埋库区内	分隔填埋库区

7.1.4 根据垃圾坝下游情况、失事后果、坝体类型、坝型(材料)及坝体高度不同,坝体建筑级别分类宜符合表 7.1.4 的规定。

表 7.1.4 垃圾坝体建筑级别分类表

建筑级别	坝下游存在的建(构)筑物及自然条件	失事后果	坝体类型	坝型(材料)	坝高
I	生产设备、生活管理区	对生产设备造成严重破坏,对生活管理区带来严重损失	C	混凝土坝、浆砌石坝	≥20m
				土石坝、黏土坝	≥15m
II	生产设备	仅对生产设备造成一定破坏或影响	A、B、C	混凝土坝、浆砌石坝	≥10m
				土石坝、黏土坝	≥5m
III	农田、水利或水环境	影响不大,破坏较小,易修复	A、D	混凝土坝、浆砌石坝	<10m
				土石坝、黏土坝	<5m

注:当坝体根据表中指标分属于不同级别时,其级别应按最高级别确定。

7.2 坝址、坝高、坝型及筑坝材料选择

7.2.1 坝址选择应根据填埋场岩土工程勘察及地形地貌等方面的资料,结合坝体类型、筑坝材料来源、气候条件、施工交通情况等因素,经技术经济比较确定。

7.2.2 坝高选择应综合考虑填埋堆体坡脚稳定、填埋库容及投资等因素,经过技术经济比较确定。

7.2.3 坝型选择应综合考虑地质条件、筑坝材料来源、施工条件、坝高、坝基防渗要求等因素,经技术经济比较确定。

7.2.4 筑坝材料的调查和土工试验应按现行行业标准《水利水电工程天然建筑材料勘察规程》SL 251 和《土工试验规程》SL 237 的规定执行。土石坝的坝体填筑材料应以压实度作为设计控制指标。

7.3 坝基处理及坝体结构设计

7.3.1 垃圾坝地基处理的基本要求应符合国家现行标准《建筑地基基础设计规范》GB 50007、《建筑地基处理技术规范》JGJ 79、《碾压式土石坝设计规范》SL 274、《混凝土重力坝设计规范》DL 5108 及《碾压式土石坝施工规范》DL/T 5129 的相关规定。

7.3.2 坝基处理应满足渗流控制、静力和动力稳定、允许总沉降量和不均匀沉降量等方面要求,保证垃圾坝的安全运行。

7.3.3 坝坡设计方案应根据坝型、坝高、坝的建筑级别、坝体和坝基的材料性质、坝体所承受的荷载以及施工和运用条件等因素,经技术经济比较确定。

7.3.4 坝顶宽度及护面材料应根据坝高、施工方式、作业车辆行驶要求、安全及抗震等因素确定。

7.3.5 坝坡马道的设置应根据坝面排水、施工要求、坝坡要求和坝基稳定等因素确定。

7.3.6 垃圾坝护坡方式应根据坝型(材料)和坝体位置等因素

确定。

7.3.7 坝体与坝基、边坡及其他构筑物的连接应符合下列规定：

1 连接面不应发生水力劈裂和邻近接触面岩石大量漏水。

2 不得形成影响坝体稳定的软弱层面。

3 不得由于边坡形状或坡度不当引起不均匀沉降而导致坝体裂缝。

7.3.8 坝体防渗处理应符合下列规定：

1 土坝的防渗处理可采用与填埋库区边坡防渗相同的处理方式。

2 碾压式土石坝、浆砌石坝及混凝土坝的防渗宜采用特殊锚固法进行锚固。

3 穿过垃圾坝的管道防渗应采用管靴连接管道与防渗材料。

7.4 坝体稳定性分析

7.4.1 垃圾坝体建筑级别为Ⅰ、Ⅱ类的，在初步设计阶段应进行坝体安全稳定性分析计算。

7.4.2 坝体稳定性分析的抗剪强度计算宜按现行行业标准《碾压式土石坝设计规范》SL 274 的有关规定执行。

8 防渗与地下水导排

8.1 一般规定

8.1.1 填埋场必须进行防渗处理,防止对地下水和地表水的污染,同时还应防止地下水进入填埋场。

8.1.2 填埋场防渗处理应符合现行行业标准《生活垃圾卫生填埋场防渗系统工程技术规范》CJJ 113 的要求。

8.1.3 地下水水位的控制应符合现行国家标准《生活垃圾填埋场污染控制标准》GB 16889 的有关规定。

8.2 防渗处理

8.2.1 防渗系统应根据填埋场工程地质与水文地质条件进行选择。当天然基础层饱和渗透系数小于 1.0×10^{-7} cm/s,且场底及四壁衬里厚度不小于 2m 时,可采用天然黏土类衬里结构。

8.2.2 天然黏土基础层进行人工改性压实后达到天然黏土衬里结构的等效防渗性能要求,可采用改性压实黏土类衬里作为防渗结构。

8.2.3 人工合成衬里的防渗系统应采用复合衬里防渗结构,位于地下水贫乏地区的防渗系统也可采用单层衬里防渗结构。在特殊地质及环境要求较高的地区,应采用双层衬里防渗结构。

8.2.4 不同复合衬里结构应符合下列规定:

    1 库区底部复合衬里(HDPE 土工膜 + 黏土)结构(图8.2.4-1),各层应符合下列规定:

        1)基础层:土压实度不应小于 93%;

        2)反滤层(可选择层):宜采用土工滤网,规格不宜小于
            $200g/m^2$;

3）地下水导流层（可选择层）：宜采用卵（砾）石等石料，厚度不应小于 30cm，石料上应铺设非织造土工布，规格不宜小于 $200g/m^2$；

4）防渗及膜下保护层：黏土渗透系数不应大于 $1.0 \times 10^{-7}cm/s$，厚度不宜小于 75cm；

5）膜防渗层：应采用 HDPE 土工膜，厚度不应小于 1.5mm；

6）膜上保护层：宜采用非织造土工布，规格不宜小于 $600g/m^2$；

7）渗沥液导流层：宜采用卵石等石料，厚度不应小于 30cm，石料下可增设土工复合排水网；

8）反滤层：宜采用土工滤网，规格不宜小于 $200g/m^2$。

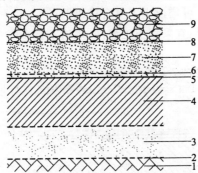

图 8.2.4-1 库区底部复合衬里（HDPE 膜＋黏土）结构示意图

1—基础层；2—反滤层（可选择层）；3—地下水导流层（可选择层）；

4—防渗及膜下保护层；5—膜防渗层；6—膜上保护层；

7—渗沥液导流层；8—反滤层；9—垃圾层

2 库区底部复合衬里（HDPE 土工膜＋GCL）结构（图 8.2.4-2，GCL 指钠基膨润土垫），各层应符合下列要求：

1）基础层：土压实度不应小于 93％；

2）反滤层（可选择层）：宜采用土工滤网，规格不宜小于 $200g/m^2$；

3）地下水导流层（可选择层）：宜采用卵（砾）石等石料，厚度不应小于 30cm，石料上应铺设非织造土工布，规格不宜小于 200g/m²；

4）膜下保护层：黏土渗透系数不宜大于 1.0×10^{-5} cm/s，厚度不宜小于 30cm；

5）GCL 防渗层：渗透系数不应大于 5.0×10^{-9} cm/s，规格不应小于 4800g/m²；

6）膜防渗层：应采用 HDPE 土工膜，厚度不应小于 1.5mm；

7）膜上保护层：宜采用非织造土工布，规格不宜小于 600g/m²；

8）渗沥液导流层：宜采用卵石等石料，厚度不应小于 30cm，石料下可增设土工复合排水网；

9）反滤层：宜采用土工滤网，规格不宜小于 200g/m²。

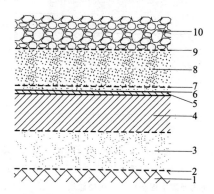

图 8.2.4-2　库区底部复合衬里（HDPE 土工膜＋GCL）结构示意图

1—基础层；2—反滤层（可选择层）；3—地下水导流层（可选择层）；

4—膜下保护层；5—GCL；6—膜防渗层；7—膜上保护层；

8—渗沥液导流层；9—反滤层；10—垃圾层

3　库区边坡复合衬里（HDPE 土工膜＋GCL）结构应符合下列规定：

1）基础层：土压实度不应小于 90%；

2）膜下保护层：当采用黏土时，渗透系数不宜大于 1.0×10^{-5} cm/s，厚度不宜小于 20cm；当采用非织造土工布时，规格不宜小于 600g/m²；

3）GCL 防渗层：渗透系数不应大于 5.0×10^{-9} cm/s，规格不应小于 4800g/m²；

4）防渗层：应采用 HDPE 土工膜，宜为双糙面，厚度不应小于 1.5mm；

5）膜上保护层：宜采用非织造土工布，规格不宜小于 600g/m²；

6）渗沥液导流与缓冲层：宜采用土工复合排水网，厚度不应小于 5mm，也可采用土工布袋（内装石料或沙土）。

8.2.5 单层衬里结构应符合下列规定：

1 库区底部单层衬里结构（图 8.2.5），各层应符合下列要求：

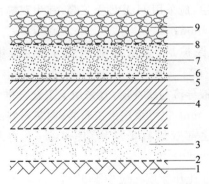

图 8.2.5 库区底部单层衬里结构示意图

1—基础层；2—反滤层（可选择层）；3—地下水导流层（可选择层）；

4—膜下保护层；5—膜防渗层；6—膜上保护层；

7—渗沥液导流层；8—反滤层；9—垃圾层

1）基础层：土压实度不应小于 93%；

2）反滤层（可选择层）：宜采用土工滤网，规格不宜小于 200g/m²；

3）地下水导流层（可选择层）：宜采用卵（砾）石等石料，厚度不应小于 30cm，石料上应铺设非织造土工布，规格不宜小于 $200g/m^2$；

4）膜下保护层：黏土渗透系数不应大于 $1.0×10^{-5}cm/s$，厚度不宜小于 50cm；

5）膜防渗层：应采用 HDPE 土工膜，厚度不应小于 1.5mm；

6）膜上保护层：宜采用非织造土工布，规格不宜小于 $600g/m^2$；

7）渗沥液导流层：宜采用卵石等石料，厚度不应小于 30cm，石料下可增设土工复合排水网；

8）反滤层：宜采用土工滤网，规格不宜小于 $200g/m^2$。

2 库区边坡单层衬里结构应符合下列要求：

1）基础层：土压实度不应小于 90%；

2）膜下保护层：当采用黏土时，渗透系数不应大于 $1.0×10^{-5}cm/s$，厚度不宜小于 30cm；当采用非织造土工布时，规格不宜小于 $600g/m^2$；

3）防渗层：应采用 HDPE 土工膜，宜为双糙面，厚度不应小于 1.5mm；

4）膜上保护层：宜采用非织造土工布，规格不宜小于 $600g/m^2$；

5）渗沥液导流与缓冲层：宜采用土工复合排水网，厚度不应小于 5mm，也可采用土工布袋（内装石料或沙土）。

8.2.6 库区底部双层衬里结构（图 8.2.6），各层应符合下列规定：

1 基础层：土压实度不应小于 93%。

2 反滤层（可选择层）：宜采用土工滤网，规格不宜小于 $200g/m^2$。

3 地下水导流层（可选择层）：宜采用卵（砾）石等石料，厚度不应小于 30cm，石料上应铺设非织造土工布，规格不宜小于 $200g/m^2$。

4 膜下保护层:黏土渗透系数不应大于 1.0×10^{-5} cm/s,厚度不宜小于 30cm。

5 膜防渗层:应采用 HDPE 土工膜,厚度不应小于 1.5mm。

6 膜上保护层:宜采用非织造土工布,规格不宜小于 $400g/m^2$。

7 渗沥液检测层:可采用土工复合排水网,厚度不应小于 5mm;也可采用卵(砾)石等石料,厚度不应小于 30cm。

8 膜下保护层:宜采用非织造土工布,规格不宜小于 $400g/m^2$。

9 膜防渗层:应采用 HDPE 土工膜,厚度不应小于 1.5mm。

10 膜上保护层:宜采用非织造土工布,规格不宜小于 $600g/m^2$。

11 渗沥液导流层:宜采用卵石等石料,厚度不应小于 30cm,石料下可增设土工复合排水网。

12 反滤层:宜采用土工滤网,规格不宜小于 $200g/m^2$。

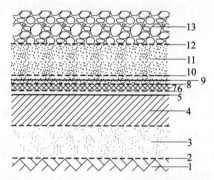

图 8.2.6 库区底部双层衬里结构示意图

1—基础层;2—反滤层(可选择层);3—地下水导流层(可选择层);4—膜下保护层;

5—膜防渗层;6—膜上保护层;7—渗沥液检测层;8—膜下保护层;

9—膜防渗层;10—膜上保护层;11—渗沥液导流层;12—反滤层;13—垃圾层

8.2.7 HDPE 土工膜应符合现行行业标准《垃圾填埋场用高密度聚乙烯土工膜》CJ/T 234 的规定。HDPE 土工膜厚度不应小于 1.5mm,当防渗要求严格或垃圾堆高大于 20m 时,宜选用不小于 2.0mm 的 HDPE 土工膜厚度。

8.2.8 穿过 HDPE 土工膜防渗系统的竖管、横管或斜管,穿管与

HDPE 土工膜的接口应进行防渗漏处理。

8.2.9 在垂直高差较大的边坡铺设防渗材料时,应设锚固平台,平台高差应结合实际地形确定,不宜大于 10m。边坡坡度不宜大于 1:2。

8.2.10 防渗材料锚固方式可采用矩形覆土锚固沟,也可采用水平覆土锚固、"V"形槽覆土锚固和混凝土锚固;岩石边坡、陡坡及调节池等混凝土上的锚固,可采用 HDPE 嵌钉土工膜、HDPE 型锁条、机械锚固等方式进行锚固。

8.2.11 锚固沟的设计应符合下列规定:

 1 锚固沟距离边坡边缘不宜小于 800mm。

 2 防渗材料转折处不应存在直角的刚性结构,均应做成弧形结构。

 3 锚固沟断面应根据锚固形式,结合实际情况加以计算,不宜小于 800mm×800mm。

 4 锚固沟中压实度不得小于 93%;

 5 特殊情况下,应对锚固沟的尺寸和锚固能力进行计算。

8.2.12 黏土作为膜下保护层时的处理应符合下列规定:

 1 平整度:应达到每平方米黏土层误差不得大于 2cm。

 2 洁净度:黏土层不应含有粒径大于 5mm 的尖锐物料。

 3 压实度:位于库区底部的黏土层不得小于 93%,位于库区边坡的黏土层不得小于 90%。

8.3 地下水导排

8.3.1 根据填埋场场址水文地质情况,对可能发生地下水对基础层稳定或对防渗系统破坏的潜在危害时,应设置地下水收集导排系统。

8.3.2 地下水水量的计算宜根据填埋场址的地下水水力特征和不同埋藏条件分不同情况计算。

8.3.3 根据地下水水量、水位及其他水文地质情况的不同,可选择采用碎石导流层、导排盲沟、土工复合排水网导流层等方法进行地下水导排或阻断。地下水收集导排系统应具有长期的导排性能。

8.3.4 地下水收集导排系统宜按渗沥液收集导排系统进行设计。地下水收集管管径可根据地下水水量进行计算确定,干管外径(d_n)不应小于250mm,支管外径(d_n)不宜小于200mm。

8.3.5 当填埋库区所处地质为不透水层时,可采用垂直防渗帷幕配合抽水系统进行地下水导排。垂直防渗帷幕的渗透系数不应大于$1×10^{-5}$cm/s。

9 防洪与雨污分流系统

9.1 填埋场防洪系统

9.1.1 填埋场防洪系统设计应符合国家现行标准《防洪标准》GB 50201、《城市防洪工程设计规范》CJJ 50 及相关标准的技术要求。防洪标准应按不小于 50 年一遇洪水水位设计,按 100 年一遇洪水水位校核。

9.1.2 填埋场防洪系统根据地形可设置截洪坝、截洪沟以及跌水和陡坡、集水池、洪水提升泵站、穿坝涵管等构筑物。洪水流量可采用小流域经验公式计算。

9.1.3 填埋库区外汇水面积较大时,宜根据地形设置数条不同高程的截洪沟。

9.1.4 填埋场外无自然水体或排水沟渠时,截洪沟出水口宜根据场外地形走向、地表径流流向、地表水体位置等设置排水管渠。

9.2 填埋库区雨污分流系统

9.2.1 填埋库区雨污分流系统应阻止未作业区域的汇水流入生活垃圾堆体,应根据填埋库区分区和填埋作业工艺进行设计。

9.2.2 填埋库区分区设计应满足下列雨污分流要求:

  1 平原型填埋场的分区应以水平分区为主,坡地型、山谷型填埋场的分区宜采用水平分区与垂直分区相结合的设计。

  2 水平分区应设置具有防渗功能的分区坝,各分区应根据使用顺序不同铺设雨污分流导排管。

  3 垂直分区宜结合边坡临时截洪沟进行设计,生活垃圾堆高达到临时截洪沟高程时,可将边坡截洪沟改建成渗沥液收集盲沟。

9.2.3 分区作业雨污分流应符合下列规定:

1 使用年限较长的填埋库区,宜进一步划分作业分区。

2 未进行作业的分区雨水应通过管道导排或泵抽排的方法排出库区外。

3 作业分区宜根据一定时间填埋量划分填埋单元和填埋体,通过填埋单元的日覆盖和填埋体的中间覆盖实现雨污分流。

9.2.4 封场后雨水应通过堆体表面排水沟排入截洪沟等排水设施。

10 渗沥液收集与处理

10.1 一 般 规 定

10.1.1 填埋场必须设置有效的渗沥液收集系统和采取有效的渗沥液处理措施,严防渗沥液污染环境。

10.1.2 渗沥液处理设施应符合现行行业标准《生活垃圾渗沥液处理技术规范》CJJ 150 的有关规定。

10.2 渗沥液水质与水量

10.2.1 渗沥液水质参数的设计值选取应考虑初期渗沥液、中后期渗沥液和封场后渗沥液的水质差异。

10.2.2 新建填埋场的渗沥液水质参数可根据表 10.2.2 提供的国内典型填埋场不同年限渗沥液水质范围确定,也可参考同类地区同类型的填埋场实际情况合理选取。

表 10.2.2　国内典型填埋场不同年限渗沥液水质范围(mg/L)(pH 除外)

类别 项目	填埋初期渗沥液(<5 年)	填埋中后期渗沥液(>5 年)	封场后渗沥液
COD	6000～20000	2000～10000	1000～5000
BOD_5	3000～10000	1000～4000	300～2000
NH_3-N	600～2500	800～3000	1000～3000
SS	500～1500	500～1500	200～1000
pH	5～8	6～8	6～9

注:表中均为调节池出水水质。

10.2.3 改造、扩建填埋场的渗沥液水质参数应以实际运行的监测资料为基准,并预测未来水质变化趋势。

10.2.4 渗沥液产生量宜采用经验公式法进行计算,计算时应充分考虑填埋场所处气候区域、进场生活垃圾中有机物含量、场内生活垃圾降解程度以及场内生活垃圾埋深等因素的影响。渗沥液产生量计算方法应符合本规范附录B的规定。

10.2.5 渗沥液产生量计算取值应符合下列规定：

1 指标应包括最大日产生量、日平均产生量及逐月平均产生量的计算；

2 当设计计算渗沥液处理规模时应采用日平均产生量；

3 当设计计算渗沥液导排系统时应采用最大日产生量；

4 当设计计算调节池容量时应采用逐月平均产生量。

10.3 渗沥液收集

10.3.1 填埋库区渗沥液收集系统应包括导流层、盲沟、竖向收集井、集液井（池）、泵房、调节池及渗沥液水位监测井。

10.3.2 渗沥液导流层设计应符合下列规定：

1 导流层宜采用卵（砾）石或碎石铺设，厚度不宜小于300mm，粒径宜为20mm～60mm，由下至上粒径逐渐减小。

2 导流层与垃圾层之间应铺设反滤层，反滤层可采用土工滤网，单位面积质量宜大于200g/m²。

3 导流层内应设置导排盲沟和渗沥液收集导排管网。

4 导流层应保证渗沥液通畅导排，降低防渗层上的渗沥液水头。

5 导流层下可增设土工复合排水网强化渗沥液导流。

6 边坡导流层宜采用土工复合排水网铺设。

10.3.3 盲沟设计应符合下列规定：

1 盲沟宜采用砾石、卵石或碎石（$CaCO_3$ 含量不应大于10%）铺设，石料的渗透系数不应小于 1.0×10^{-3} cm/s。主盲沟石料厚度不宜小于40cm，粒径从上到下依次为 20mm～30mm、30mm～40mm、40mm～60mm。

2 盲沟内应设置高密度聚乙烯（HDPE）收集管，管径应根据所收集面积的渗沥液最大日流量、设计坡度等条件计算，HDPE

收集干管公称外径（d_n）不应小于 315mm，支管外径（d_n）不应小于 200mm。

3 HDPE 收集管的开孔率应保证环刚度要求。HDPE 收集管的布置宜呈直线。Ⅲ类以上填埋场 HDPE 收集管宜设置高压水射流疏通、端头井等反冲洗措施。

4 主盲沟坡度应保证渗沥液能快速通过渗沥液 HDPE 干管进入调节池，纵、横向坡度不宜小于 2％。

5 盲沟系统宜采用鱼刺状和网状布置形式，也可根据不同地形采用特殊布置形式（反锅底形等）。

6 盲沟断面形式可采用菱形断面或梯形断面，断面尺寸应根据渗沥液汇流面积、HDPE 管管径及数量确定。

7 中间覆盖层的盲沟应与竖向收集井相连接，其坡度应能保证渗沥液快速进入收集井。

10.3.4 导气井可兼作渗沥液竖向收集井，形成立体导排系统收集垃圾堆体产生的渗沥液，竖向收集井间距通过计算确定。

10.3.5 集液井（池）宜按库区分区情况设置，并宜设在填埋库区外侧。

10.3.6 调节池设计应符合下列规定：

1 调节池容积宜按本规范附录 C 的计算要求确定，调节池容积不应小于三个月的渗沥液处理量。

2 调节池可采用 HDPE 土工膜防渗结构，也可采用钢筋混凝土结构。

3 HDPE 土工膜防渗结构调节池的池坡比宜小于 1∶2，防渗结构设计可参考本规范第 8 章的相关规定。

4 钢筋混凝土结构调节池池壁应做防腐蚀处理。

5 调节池宜设置 HDPE 膜覆盖系统，覆盖系统设计应考虑覆盖膜顶面的雨水导排、膜下的沼气导排及池底污泥的清理。

10.3.7 库区渗沥液水位应控制在渗沥液导流层内。应监测填埋堆体内渗沥液水位，当出现高水位时，应采取有效措施降低水位。

10.4 渗沥液处理

10.4.1 渗沥液处理后排放标准应达到现行国家标准《生活垃圾填埋场污染控制标准》GB 16889 规定的指标或当地环保部门规定执行的排放标准。

10.4.2 渗沥液处理工艺应根据渗沥液的水质特性、产生量和达到的排放标准等因素,通过多方案技术经济比较进行选择。

10.4.3 渗沥液处理宜采用"预处理＋生物处理＋深度处理"的工艺组合,也可采用"预处理＋物化处理"或"生物处理＋深度处理"的工艺组合。

10.4.4 渗沥液预处理可采用水解酸化、混凝沉淀、砂滤等工艺。

10.4.5 渗沥液生物处理可采用厌氧生物处理法和好氧生物处理法,宜以膜生物反应器法(MBR)为主。

10.4.6 渗沥液深度处理可采用膜处理、吸附法、高级化学氧化等工艺,其中膜处理宜以反渗透为主。

10.4.7 物化处理可采用多级反渗透工艺。

10.4.8 渗沥液预处理、生物处理、深度处理及物化处理工艺设计参数宜按本规范附录 D 的规定取值。

10.4.9 渗沥液处理中产生的污泥应进行无害化处置。

10.4.10 膜处理过程产生的浓缩液可采用蒸发或其他适宜的处理方式。浓缩液回灌填埋堆体应保证不影响渗沥液处理正常运行。

11 填埋气体导排与利用

11.1 一般规定

11.1.1 填埋场必须设置有效的填埋气体导排设施,严防填埋气体自然聚集、迁移引起的火灾和爆炸。

11.1.2 当设计填埋库容大于或等于 $2.5 \times 10^6 t$,填埋厚度大于或等于 20m 时,应考虑填埋气体利用。

11.1.3 填埋场不具备填埋气体利用条件时,应采用火炬法燃烧处理,并宜采用能够有效减少甲烷产生和排放的填埋工艺。

11.1.4 未达到安全稳定的老填埋场应设置有效的填埋气体导排设施。

11.1.5 填埋气体导排和利用设施应符合现行行业标准《生活垃圾填埋场填埋气体收集处理及利用工程技术规范》CJJ 133 的有关规定。

11.2 填埋气体产生量

11.2.1 填埋气体产气量估算宜按现行行业标准《生活垃圾填埋场填埋气体收集处理及利用工程技术规范》CJJ 133 提供的方法进行计算。

11.2.2 清洁发展机制(CDM)项目填埋气体产气量的计算,应按本规范附录 E 的规定执行。

11.2.3 填埋场气体收集率宜根据填埋场建设和运行特征进行估算。

11.3 填埋气体导排

11.3.1 填埋气体导排设施宜采用导气井,也可采用导气井和导气盲沟相连的导排设施。

11.3.2 导气井可采用随填埋作业层升高分段设置和连接的石笼导气井,也可采用在填埋体中钻孔形成导气井。导气井的设置应符合下列规定:

1 石笼导气井在导气管四周宜用 $d=20mm\sim80mm$ 级配的碎石等材料填充,外部宜采用能伸缩连接的土工网格或钢丝网等材料作为井筒,井底部宜铺设不破坏防渗层的基础。

2 钻孔导气井钻孔深度不应小于填埋深度的 2/3,钻孔应采用防爆施工设备,并应有保护场底防渗层的措施。

3 石笼导气井直径(Φ)不应小于 600mm,中心多孔管应采用高密度聚乙烯(HDPE)管材,公称外径(d_n)不应小于 110mm,管材开孔率不宜小于 2%。

4 导气井兼作渗沥液竖向收集井时,中心多孔管公称外径(d_n)不宜小于 200mm,导气井内水位过高时,应采取降低水位的措施。

5 导气井宜在填埋库区底部主、次盲沟交汇点取点设置,并应以设置点为基准,沿次盲沟铺设方向,采用等边三角形、正六边形、正方形等形状布置。

6 导气井的影响半径宜通过现场抽气测试确定。不能进行现场测试时,单一导气井的影响半径可按该井所在位置填埋厚度的 0.75 倍~1.5 倍取值。堆体中部的主动导排导气井间距不宜大于 50m,沿堆体边缘布置的导气井间距不宜大于 25m,被动导排导气井间距不宜大于 30m。

7 被动导气井的导气管管口宜高于堆体表面 1m 以上。

8 主动导排导气井井口周围应采用膨润土或黏土等低渗透性材料密封,密封厚度宜为 1m~2m。

11.3.3 填埋库容大于或等于 1.0×10^6 t,垃圾填埋深度大于或等于 10m 时,应采用主动导气。

11.3.4 导气盲沟的设置应符合下列规定:

1 宜用级配石料等粒状物填充,断面宽、高均不宜小于1000mm。

2 盲沟中心管宜采用软管,管内径不应小于150mm。当采用多孔管时,开孔率应保证管强度。水平导气管应有不低于2%的坡度,并接至导气总管或场外较低处。每条导气盲沟的长度不宜大于100m。

3 相邻标高的水平盲沟宜交错布置,盲沟水平间距可按30m~50m设置,垂直间距可按10m~15m设置。

4 应与导气井连接。

11.3.5 应考虑堆体沉降对导气井和导气盲沟的影响,防止气体导排设施阻塞、断裂而失去导排功能。

11.4 填埋气体输送

11.4.1 填埋气体输送系统宜采用集气单元方式将临近的导气井或导气盲沟的连接管道进行布置。

11.4.2 填埋气体输送系统应设置流量控制阀门,根据气体流量的大小和压力调整阀门开度,达到产气量和抽气量平衡。

11.4.3 填埋气体抽气系统应具有填埋气体含量及流量的监测和控制功能,以确保抽气系统的正常安全运行。

11.4.4 输送管道设计应符合下列规定:

1 设计应留有允许材料热胀冷缩的伸缩余地,管道固定应设置缓冲区,保证输气管道的密封性。

2 应选用耐腐蚀、伸缩性强、具有良好的机械性能和气密性能的材料及配件。

3 在保证安全运行的条件下,输气管道布置应缩短输气线路。

11.4.5 填埋气体输送管道中的冷凝液排放应符合下列规定:

1 输送管道应设置不小于1%的坡度。

2 输送管道一定管段的最低处应设置冷凝液排放装置。

3 排出的冷凝液应及时收集。

4 收集的冷凝液可直接回喷到填埋堆体中。

11.5 填埋气体利用

11.5.1 填埋气体利用和燃烧系统应统筹设计,应优先满足利用系统的用气,剩余填埋气体应能自动分配到火炬系统进行燃烧。

11.5.2 填埋气体利用方式和规模应根据填埋场的产气量及当地条件等因素,通过多方案技术经济比较确定。气体利用率不宜小于70%。

11.5.3 填埋气体利用系统应设置预处理工序,预处理工艺和设备的选择应根据气体利用方案、用气设备的要求和污染排放标准确定。

11.5.4 填埋气体燃烧火炬应有较宽的负荷适应范围以满足稳定燃烧,应具有主动和被动两种保护措施,并应具有点火、灭火安全保护功能及阻火器等安全装置。

11.6 填埋气体安全

11.6.1 填埋库区应按生产的火灾危险性分类中戊类防火区的要求采取防火措施。

11.6.2 填埋库区防火隔离带应符合本规范第5.7.3条的规定。

11.6.3 填埋场达到稳定安全期前,填埋库区及防火隔离带范围内严禁设置封闭式建(构)筑物,严禁堆放易燃易爆物品,严禁将火种带入填埋库区。

11.6.4 填埋场上方甲烷气体含量必须小于5%,填埋场建(构)筑物内甲烷气体含量严禁超过1.25%。

11.6.5 进入填埋作业区的车辆、填埋作业设备应保持良好的机械性能,应避免产生火花。

11.6.6 填埋库区应防止填埋气体在局部聚集。填埋库区底部及边坡的土层 10m 深范围内的裂隙、溶洞及其他腔性结构均应予以充填密实。填埋体中不均匀沉降造成的裂隙应及时予以充填密实。

11.6.7 对填埋物中可能造成腔型结构的大件垃圾应进行破碎。

12 填埋作业与管理

12.1 填埋作业准备

12.1.1 填埋场作业人员应经过技术培训和安全教育,应熟悉填埋作业要求及填埋气体安全知识。运行管理人员应熟悉填埋作业工艺、技术指标及填埋气体的安全管理。

12.1.2 填埋作业规程应制定完备,并应制定填埋气体引起火灾和爆炸等意外事件的应急预案。

12.1.3 应根据设计制定分区分单元填埋作业计划,作业分区应采取有利于雨污分流的措施。

12.1.4 填埋作业分区的工程设施和满足作业的其他主体工程、配套工程及辅助设施,应按设计要求完成施工。

12.1.5 填埋作业应保证全天候运行,宜在填埋作业区设置雨季卸车平台,并应准备充足的垫层材料。

12.1.6 装载、挖掘、运输、摊铺、压实、覆盖等作业设备应按填埋日处理规模和作业工艺设计要求配置。Ⅲ类以上填埋场宜配置压实机,在大件垃圾较多的情况下,宜设置破碎设备。

12.2 填 埋 作 业

12.2.1 填埋物进入填埋场应进行检查和计量。垃圾运输车辆离开填埋场前宜冲洗轮胎和底盘。

12.2.2 填埋应采用单元、分层作业,填埋单元作业工序应为卸车、分层摊铺、压实,达到规定高度后应进行覆盖、再压实。填埋单元作业时应控制填埋作业面面积。

12.2.3 每层垃圾摊铺厚度应根据填埋作业设备的压实性能、压实次数及生活垃圾的可压缩性确定,厚度不宜超过 60cm,且宜从作业单元的边坡底部到顶部摊铺;生活垃圾压实密度应大于 $600kg/m^3$。

12.2.4 每一单元的生活垃圾高度宜为 2m～4m,最高不得超过 6m。单元作业宽度按填埋作业设备的宽度及高峰期同时进行作业的车辆数确定,最小宽度不宜小于 6m。单元的坡度不宜大于 1:3。

12.2.5 每一单元作业完成后应进行覆盖,覆盖层厚度应根据覆盖材料确定。采用 HDPE 膜或线型低密度聚乙烯膜(LLDPE)覆盖时,膜的厚度宜为 0.50mm,采用土覆盖的厚度宜为 20cm～25cm,采用喷涂覆盖的涂层干化后厚度宜为 6mm～10mm。膜的性能指标应符合现行行业标准《垃圾填埋场用高密度聚乙烯土工膜》CJ/T 234 和《垃圾填埋场用线性低密度聚乙烯土工膜》CJ/T 276 的要求。

12.2.6 作业场所应喷洒杀虫灭鼠药剂,并宜喷洒除臭剂及洒水降尘。

12.2.7 每一作业区完成阶段性高度后,暂时不在其上继续进行填埋时,应进行中间覆盖,覆盖层厚度应根据覆盖材料确定,黏土覆盖层厚度宜大于 30cm,膜厚度不宜小于 0.75mm。

12.2.8 填埋作业达到设计标高后,应及时进行封场覆盖。

12.2.9 填埋场场内设施、设备应定期检查维护,发现异常应及时修复。

12.2.10 填埋场作业过程的安全卫生管理应符合现行国家标准《生产过程安全卫生要求总则》GB/T 12801 的有关规定。

12.3 填埋场管理

12.3.1 填埋场应按建设、运行、封场、跟踪监测、场地再利用等阶段进行管理。

12.3.2 填埋场建设的有关文件资料应按国家有关规定进行整理与保管。

12.3.3 填埋场日常运行管理中应记录进场垃圾运输车号、车辆数量、生活垃圾量、渗沥液产生量、材料消耗等，记录积累的技术资料应完整，统一归档保管。填埋作业管理宜采用计算机网络管理。填埋场的计量应达到国家三级计量认证。

12.3.4 填埋场封场和场地再利用管理应符合本规范第 13 章的有关规定。

12.3.5 填埋场跟踪监测管理应符合本规范第 15 章的有关规定。

13 封场与堆体稳定性

13.1 一 般 规 定

13.1.1 填埋场封场设计应考虑堆体整形与边坡处理、封场覆盖结构类型、填埋场生态恢复、土地利用与水土保持、堆体的稳定性等因素。

13.1.2 填埋场封场应符合现行行业标准《生活垃圾卫生填埋场封场技术规程》CJJ 112 与《生活垃圾卫生填埋场岩土工程技术规范》CJJ 176 的有关规定。

13.2 填埋场封场

13.2.1 堆体整形设计应满足封场覆盖层的铺设和封场后生态恢复与土地利用的要求。

13.2.2 堆体整形顶面坡度不宜小于5％。边坡大于10％时宜采用多级台阶,台阶间边坡坡度不宜大于1:3,台阶宽度不宜小于2m。

13.2.3 填埋场封场覆盖结构(图 13.2.3)各层应由下至上依次为:排气层、防渗层、排水层与植被层。填埋场封场覆盖应符合下列规定:

    1 排气层:堆体顶面宜采用粗粒或多孔材料,厚度不宜小于30cm,边坡宜采用土工复合排水网,厚度不应小于5mm。

    2 排水层:堆体顶面宜采用粗粒或多孔材料,厚度不宜小于30cm。边坡宜采用土工复合排水网,厚度不应小于5mm;也可采用加筋土工网垫,规格不宜小于 $600g/m^2$。

    3 植被层:应采用自然土加表层营养土,厚度应根据种植植物的根系深浅确定,厚度不宜小于50cm,其中营养土厚度不宜小于 15cm。

    4 防渗层应符合下列要求：

        1）采用高密度聚乙烯（HDPE）土工膜或线性低密度聚乙烯（LLDPE）土工膜，厚度不应小于 1mm，膜上应敷设非织造土工布，规格不宜小于 $300g/m^2$；膜下应敷设保护层。

        2）采用黏土，黏土层的渗透系数不应大于 $1.0 \times 10^{-7}cm/s$，厚度不应小于 30cm。

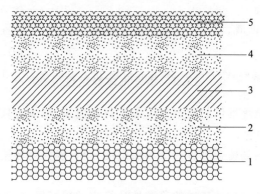

图 13.2.3   黏土覆盖系统示意图

1—垃圾层；2—排气层；3—防渗层；4—排水层；5—植被层

13.2.4 填埋场封场覆盖后，应及时采用植被逐步实施生态恢复，并应与周边环境相协调。

13.2.5 填埋场封场后应继续进行填埋气体导排、渗沥液导排和处理、环境与安全监测等运行管理，直至填埋体达到稳定。

13.2.6 填埋场封场后宜进行水土保持的相关维护工作。

13.2.7 填埋场封场后的土地利用应符合下列规定：

    1 填埋场封场后的土地利用应符合现行国家标准《生活垃圾填埋场稳定化场地利用技术要求》GB/T 25179 的规定。

    2 填埋场土地利用前应作出场地稳定化鉴定、土地利用论证及有关部门审定。

    3 未经环境卫生、岩土、环保专业技术鉴定前，填埋场地严禁作为永久性封闭式建(构)筑物用地。

13.2.8 老生活垃圾填埋场封场工程除应符合本规范第 13.2.1 条～第 13.2.7 条的要求外,尚应符合下列规定:

  1 无气体导排设施的或导排设施失效存在安全隐患的,应采用钻孔法设置或完善填埋气体导排系统,已覆盖土层的垃圾堆体可采用开挖网状排气盲沟的方式形成排气层。

  2 无渗沥液导排设施或导排设施失效的,应设置或完善渗沥液导排系统。

  3 渗沥液、填埋气体发生地下横向迁移的,应设置垂直防渗系统。

13.3 填埋堆体稳定性

13.3.1 填埋堆体的稳定性应考虑封场覆盖、堆体边坡及堆体沉降的稳定。

13.3.2 封场覆盖应进行滑动稳定性分析,确保封场覆盖层的安全稳定。

13.3.3 填埋堆体边坡的稳定性计算宜按现行国家标准《建筑边坡工程技术规范》GB 50330 中土坡计算方法的有关规定执行。

13.3.4 堆体沉降稳定宜根据沉降速率与封场年限来判断。

13.3.5 填埋场运行期间宜设置堆体沉降与渗沥液导流层水位监测设备设施,对填埋堆体典型断面的沉降、边坡侧向变形情况及渗沥液导流层水头进行监测,根据监测结果对滑移等危险征兆采取应急控制措施。

14 辅 助 工 程

14.1 电 气

14.1.1 填埋场的生产用电应从附近电力网引接,其接入电压等级应根据填埋场的总用电负荷及附近电力网的具体情况,经技术经济比较后确定。

14.1.2 填埋场的继电保护和安全自动装置与接地装置应符合现行国家标准《电力装置的继电保护和自动装置设计规范》GB/T 50062及《交流电气装置的接地》DL/T 621中的有关规定。

14.1.3 填埋气体发电工程的电气主接线应符合下列规定:

1 发电上网时,应至少有一条与电网连接的双向受、送电线路。

2 发电自用时,应至少有一条与电网连接的受电线路,当该线路发生故障时,应有能够保证安全停机和启动的内部电源或其他外部电源。

14.1.4 照明设计应符合现行国家标准《建筑照明设计标准》GB 50034中的有关规定。正常照明和事故照明宜采用分开的供电系统。

14.1.5 电缆的选择与敷设应符合现行国家标准《电力工程电缆设计规范》GB 50217的有关规定。

14.2 给排水工程

14.2.1 填埋场给水工程设计应符合现行国家标准《室外给水设计规范》GB 50013和《建筑给水排水设计规范》GB 50015的有关规定。

14.2.2 填埋场采用井水作为给水时,饮用水水质应符合现行国家标准《生活饮用水卫生标准》GB 5749 的有关规定,用水标准及定额应满足现行国家标准《建筑给水排水设计规范》GB 50015 中的有关规定。

14.2.3 填埋场排水工程设计应符合现行国家标准《室外排水设计规范》GB 50014 和《建筑给水排水设计规范》GB 50015 的有关规定。

14.3 消　　防

14.3.1 填埋场除考虑填埋气体的消防外,还应设置建(构)筑物的室内、室外消防系统。消防系统的设置应符合现行国家标准《建筑设计防火规范》GB 50016 和《建筑灭火器配置设计规范》GB 50140 的有关规定。

14.3.2 填埋场的电气消防设计应符合现行国家标准《建筑设计防火规范》GB 50016 和《火灾自动报警系统设计规范》GB 50116 中的有关规定。

14.4 采暖、通风与空调

14.4.1 填埋场各建筑物的采暖、空调及通风设计应符合现行国家标准《采暖通风与空气调节设计规范》GB 50019 中的有关规定。

15　环境保护与劳动卫生

15.0.1 填埋场环境影响评价及环境污染防治应符合下列规定：

　　1 填埋场工程建设项目在进行可行性研究的同时，应对建设项目的环境影响作出评价。

　　2 填埋场工程建设项目的环境污染防治设施应与主体工程同时设计、同时施工、同时投产使用。

　　3 填埋作业过程中产生的各种污染物的防治与排放应符合国家有关规定。

15.0.2 填埋场应设置地下水本底监测井、污染扩散监测井、污染监测井。填埋场应进行水、气、土壤及噪声的本底监测和作业监测。监测井和采样点的布设、监测项目、频率及分析方法应按现行国家标准《生活垃圾填埋场污染控制标准》GB 16889 和《生活垃圾卫生填埋场环境监测技术要求》GB/T 18772 执行，填埋库区封场后应进行跟踪监测直至填埋体稳定。

15.0.3 填埋场环境污染控制指标应符合现行国家标准《生活垃圾填埋场污染控制标准》GB 16889 的要求。

15.0.4 填埋场使用杀虫灭鼠药剂时应避免二次污染。

15.0.5 **填埋场应设置道路行车指示、安全标识、防火防爆及环境卫生设施设置标志。**

15.0.6 填埋场的劳动卫生应按照现行国家标准《工业企业设计卫生标准》GBZ 1 和《生产过程安全卫生要求总则》GB/T 12801 的有关规定执行，并应结合填埋作业特点采取有利于职业病防治和保护作业人员健康的措施。填埋作业人员应每年体检一次，并应建立健康登记卡。

16 工程施工及验收

16.0.1 填埋场工程施工前应根据设计文件或招标文件编制施工方案,准备施工设备及设施,合理安排施工场地。

16.0.2 填埋场工程应根据工程设计文件和设备技术文件进行施工和安装。

16.0.3 填埋场工程施工变更应按设计单位的设计变更文件进行。

16.0.4 填埋场各项建筑、安装工程应按现行相关标准及设计要求进行施工。

16.0.5 施工安装使用的材料应符合现行国家相关标准及设计要求;对国外引进的专用填埋设备与材料,应按供货商提供的设备技术规范、合同规定及商检文件执行,并应符合现行国家标准的相应要求。

16.0.6 填埋场工程验收除应按国家规定和相应专业现行验收标准执行外,还应符合下列规定:

  1 地基处理应符合本规范第 6 章的要求。

  2 垃圾坝应符合本规范第 7 章的要求。

  3 防渗工程与地下水导排应符合本规范第 8 章的要求。

  4 防洪与雨污分流系统应符合本规范第 9 章的要求。

  5 渗沥液收集与处理应符合本规范第 10 章的要求。

  6 填埋气体导排与利用应符合本规范第 11 章的要求。

  7 填埋场封场应符合本规范第 13 章的要求。

附录 A 填埋库容与有效库容计算

A. 0. 1 填埋库容采用方格网法计算时,应符合下列规定:

    1 将场地划分成若干个正方形格网,再将场底设计标高和封场标高分别标注在规则网格各个角点上,封场标高与场底设计标高的差值应为各角点的高度。

    2 计算每个四棱柱的体积,再将所有四棱柱的体积汇总为总的填埋场库容。方格网法库容可按下式计算:

$$V = \sum_{i=1}^{n} a^2 (h_{i1} + h_{i2} + h_{i3} + h_{i4})/4 \qquad (A.0.1)$$

式中:h_{i1},h_{i2},h_{i3},h_{i4}——第 i 个方格网各个角点高度(m);

               V——填埋库容(m³);

               a——方格网的边长(m);

               n——方格网个数。

    3 计算时可将库区划分为边长 10m～40m 的正方形方格网,方格网越小,精度越高。

    4 可采用基于网格法的土方计算软件进行填埋库容计算。

A. 0. 2 有效库容应按下列公式计算:

    1 有效库容为有效库容系数与填埋库容的乘积,应按下式计算:

$$V' = \zeta \cdot V \qquad (A.0.2\text{-}1)$$

式中:V'——有效库容(m³);

    V——填埋库容(m³);

    ζ——有效库容系数。

    2 有效库容系数应按下式计算:

$$\zeta = 1 - (I_1 + I_2 + I_3) \qquad (A.0.2\text{-}2)$$

式中：I_1——防渗系统所占库容系数；

　　I_2——覆盖层所占库容系数；

　　I_3——封场所占库容系数。

3 防渗系统所占库容系数 I_1 应按下式计算：

$$I_1 = \frac{A_1 h_1}{V} \qquad (A.0.2\text{-}3)$$

式中：A_1——防渗系统的表面积（m^2）；

　　h_1——防渗系统厚度（m）；

　　V——填埋库容（m^3）。

4 覆盖层所占库容系数 I_2 应符合下列规定：

1）平原型填埋场黏土中间覆盖层厚度为 30cm，垃圾层厚度为 10m～20m 时，黏土中间覆盖层所占用的库容系数 I_2 可近似取 1.5%～3%。

2）日覆盖和中间覆盖层采用土工膜作为覆盖材料时，可不考虑 I_2 的影响，近似取 0。

5 封场所占库容系数 I_3 应按下式计算：

$$I_3 = \frac{A_{2T} h_{2T} + A_{2S} h_{2S}}{V} \qquad (A.0.2\text{-}4)$$

式中：A_{2T}——封场堆体顶面覆盖系统的表面积（m^2）；

　　h_{2T}——封场堆体顶面覆盖系统厚度（m）；

　　A_{2S}——封场堆体边坡覆盖系统的表面积（m^2）；

　　h_{2S}——封场堆体边坡覆盖系统厚度（m）；

　　V——填埋库容（m^3）。

附录 B 渗沥液产生量计算方法

B.0.1 渗沥液最大日产生量、日平均产生量及逐月平均产生量宜按下式计算,其中浸出系数应结合填埋场实际情况选取。

$$Q = I \times (C_1 A_1 + C_2 A_2 + C_3 A_3 + C_4 A_4)/1000 \quad (B.0.1)$$

式中:Q——渗沥液产生量(m^3/d);

I——降水量(mm/d)。当计算渗沥液最大日产生量时,取历史最大日降水量;当计算渗沥液日平均产生量时,取多年平均日降水量;当计算渗沥液逐月平均产生量时,取多年逐月平均降雨量。数据充足时,宜按 20 年的数据计取;数据不足 20 年时,可按现有全部年数据计取;

C_1——正在填埋作业区浸出系数,宜取 0.4~1.0,具体取值可参考表 B.0.1。

表 B.0.1 正在填埋作业单元浸出系数 C_1 取值表

所在地年降雨量(mm) 有机物含量	年降雨量 ≥800	400≤年降雨量 <800	年降雨量 <400
>70%	0.85~1.00	0.75~0.95	0.50~0.75
≤70%	0.70~0.80	0.50~0.70	0.40~0.55

注:若填埋场所处地区气候干旱、进场生活垃圾中有机物含量低、生活垃圾降解程度低及埋深小时宜取高值;若填埋场所处地区气候湿润、进场生活垃圾中有机物含量高、生活垃圾降解程度高及埋深大时宜取低值。

A_1——正在填埋作业区汇水面积(m^2);

C_2——已中间覆盖区浸出系数。当采用膜覆盖时宜取(0.2~0.3)C_1生活垃圾降解程度低或埋深小时宜取下限,生活垃圾降解程度高或埋深大时宜取上限;当采用土覆盖时宜取$(0.4 \sim 0.6)C_1$(若覆盖材料渗透系数较小、整体密封性好、生活垃圾降解程度低及埋深小时宜取低值,若覆盖材料渗透系数较大、整体密封性较差、生活垃圾降解程度高及埋深大时宜取高值);

A_2——已中间覆盖区汇水面积(m^2);

C_3——已终场覆盖区浸出系数,宜取$0.1 \sim 0.2$(若覆盖材料渗透系数较小、整体密封性好、生活垃圾降解程度低及埋深小时宜取下限,若覆盖材料渗透系数较大、整体密封性较差、生活垃圾降解程度高及埋深大时宜取上限);

A_3——已终场覆盖区汇水面积(m^2);

C_4——调节池浸出系数,取0或1.0(若调节池设置有覆盖系统取0,若调节池未设置覆盖系统取1.0);

A_4——调节池汇水面积(m^2)。

B.0.2 当A_1、A_2、A_3随不同的填埋时期取不同值,渗沥液产生量设计值应在最不利情况下计算,即在A_1、A_2、A_3的取值使得Q最大的时候进行计算。

B.0.3 当考虑生活管理区污水等其他因素时,渗沥液的设计处理规模宜在其产生量的基础上乘以适当系数。

附录C 调节池容量计算方法

C. 0. 1 调节池容量可按表C. 0. 1进行计算。

表 C. 0. 1 调节池容量计算表

月份	多年平均逐月降雨量(mm)	逐月渗沥液产生量(m³)	逐月渗沥液处理量(m³)	逐月渗沥液余量(m³)
1	M_1	A_1	B_1	$C_1 = A_1 - B_1$
2	M_2	A_2	B_2	$C_2 = A_2 - B_2$
3	M_3	A_3	B_3	$C_3 = A_3 - B_3$
4	M_4	A_4	B_4	$C_4 = A_4 - B_4$
5	M_5	A_5	B_5	$C_5 = A_5 - B_5$
6	M_6	A_6	B_6	$C_6 = A_6 - B_6$
7	M_7	A_7	B_7	$C_7 = A_7 - B_7$
8	M_8	A_8	B_8	$C_8 = A_8 - B_8$
9	M_9	A_9	B_9	$C_9 = A_9 - B_9$
10	M_{10}	A_{10}	B_{10}	$C_{10} = A_{10} - B_{10}$
11	M_{11}	A_{11}	B_{11}	$C_{11} = A_{11} - B_{11}$
12	M_{12}	A_{12}	B_{12}	$C_{12} = A_{12} - B_{12}$

注:表C. 0. 1中将1~12月中$C>0$的月渗沥液余量累计相加,即为需要调节的总容量。

C. 0. 2 逐月渗沥液产生量可根据本规范附录B中式(B. 0. 1)计算,其中I取多年逐月降雨量,经计算得出逐月渗沥液产生量$A_1 \sim A_{12}$。

C. 0. 3 逐月渗沥液余量可按下式计算。

$$C = A - B \tag{C. 0. 3}$$

式中:C——逐月渗沥液余量(m³);

A——逐月渗沥液产生量(m^3);

B——逐月渗沥液处理量(m^3)。

C.0.4 计算值宜按历史最大日降雨量或 20 年一遇连续七日最大降雨量进行校核,在当地没有上述历史数据时,也可采用现有全部年数据进行校核。并将校核值与上述计算出来的需要调节的总容量进行比较,取其中较大者,在此基础上乘以安全系数 1.1~1.3 即为所取调节池容积。

C.0.5 当采用历史最大日降雨量进行校核时,可参考下式计算:

$$Q_1 = I_1 \times (C_1 A_1 + C_2 A_2 + C_3 A_3 + C_4 A_4)/1000 \quad (C.0.5)$$

式中:Q_1——校核容积(m^3);

I_1——历史最大日降雨量(m^3);

C_1、C_2、C_3、C_4 与 A_1、A_2、A_3、A_4 的取值同本规范附录 B 式(B.0.1)。

附录 D 渗沥液处理工艺参考设计参数

表 D 渗沥液处理工艺参考设计参数

渗沥液处理工艺	参考设计参数及技术要求	说 明
水解酸化	1 水力停留时间(HRT)不宜小于10h； 2 pH值宜为6.5～7.5	水解酸化可采用悬浮式反应器、接触式反应器、复合式反应器等形式
混凝沉淀	1 混凝剂投药方法可采用干投法或湿投法。 2 药剂调制方法可采用水力法、压缩空气法、机械法等。可采用硫酸铝、聚合氯化铝、三氯化铁和聚丙烯酰胺(PAM)等药剂。 3 干式投配设备应配备混凝剂的破碎设备，应具备每小时投配5kg以上的规模；湿式投配设备应配置一套溶解、搅拌、定量控制和投配设备	干投法流程宜为：药剂输送→粉碎→提升→计量→加药混合。湿投法流程宜为：溶解池→溶液池→定量控制设备→投加设备→混合池。 混凝沉淀采用的混合设备可采用浆板式机械混合槽、分流隔板混合槽、水泵混合等，反应设备可采用隔板式反应池、涡流式反应池、机械搅拌反应池等
UASB	1 UASB的适宜参数为： 1)反应器适宜温度：常温范围为20℃～30℃，中温范围为30℃～38℃，高温范围为50℃～55℃； 2)容积负荷适宜值：5kgCOD/(m³·d)～15kgCOD/(m³·d)； 3)反应器适宜pH:6.5～7.8。	池形可设计为圆形、方形或矩形。处理渗沥液量过大时可设计为多个池体并联运行。 反应器反应区的高度可设计为1.5m～4.0m。 当渗沥液流量小，浓度较高，需要的沉淀区面积小时，沉淀区的面积可以

渗沥液处理工艺	参考设计参数及技术要求	说　明
UASB	2　UASB 反应器应设置生物气体利用或安全燃烧装置	和反应区相同；当渗沥液流量大，浓度较低，需要的沉淀区面积大时，可采用反应器上部面积大于下部面积的池形
膜生物反应器（MBR）	1　膜生物反应器可采用外置式膜生物反应器或内置式膜生物反应器。 2　膜生物反应器的适宜参数为： 1) 进水 COD：外置式不宜大于 20000mg/L，内置式不宜大于 15000mg/L； 2) 进水 BOD_5/COD 的比值不宜小于 0.3； 3) 进水氨氮 NH_3-N 不宜大于 2500mg/L； 4) 水温度宜为 20℃～35℃； 5) 污泥浓度：外置式宜为 10000mg/L～15000mg/L，内置式宜为 8000mg/L～10000mg/L； 6) 污泥负荷：外置式宜为 0.05kgCOD(kgMLVSS・d)～0.18kgCOD(kgMLVSS・d)，内置式宜为 0.04kgCOD(kgMLVSS・d)～0.12kgCOD(kgMLVSS・d)； 7) 脱氮速率(20℃)：外置式宜为 (0.05～0.20)kgNO₃-N/(kgMLSS・d)，内置式宜为 (0.05～0.15)kgNO₃-N/(kgMLSS・d)； 8) 硝化速率：外置式宜为 (0.02～0.10)kgNH₄⁺-N/(kgMLSS・d)，内置式宜为 (0.02～0.08)kgNH₄⁺-N/(kgMLSS・d)； 9) 剩余污泥产泥系数：0.1kgMLVSS/kgCOD～0.3kgMLVSS/kgCOD。 3　一般情况下，MBR 宜采用 A/O 工艺。当需要强化脱氮处理时，宜采用 A/O/A/O 工艺强化生物处理	"外置式膜生物反应器"中生化反应器与膜单元相对独立，通过混合液循环泵使得处理水通过膜组件后外排；"内置式膜生物反应器"其膜浸没在生物反应器内，出水通过负压抽吸经过膜单元后排出。 其中外置膜宜选用管式超滤膜组件，内置膜宜选用板式微滤膜组件、板式超滤膜组件、中空纤维微滤膜组件或中空纤维超滤膜组件

渗沥液处理工艺	参考设计参数及技术要求	说　明
膜深度处理	1　膜处理可采用纳滤（NF）、卷式反渗透（卷式 RO）、碟管式反渗透（DTRO）等工艺。 2　当采用"NF＋卷式 RO"，NF 段的适宜参数为： 1）进水淤塞指数 SDI_{15} 不宜大于 5； 2）进水游离余氯不宜大于 0.1mg/L； 3）进水悬浮物 SS 不宜大于 100mg/L； 4）进水化学需氧量 COD 不宜大于 1200mg/L； 5）进水生化需氧量（BOD_5）不宜大于 600mg/L； 6）进水氨氮 NH_3-N 不宜大于 200mg/L； 7）进水总氮 TN 不宜大于 300mg/L； 8）水温度宜为 15℃～30℃； 9）pH 值宜为 5.0～7.0； 10）纳滤膜通量宜为 15L/（$m^2 \cdot h$）～20L/（$m^2 \cdot h$）； 11）水回收率不宜低于 80%（25℃）； 12）操作压力：卷式纳滤膜宜为 0.5MPa～1.5MPa；碟管式纳滤膜宜为 0.5MPa～2.5MPa。 3　当采用"NF＋卷式 RO"或"卷式 RO"时，卷式 RO 段适宜参数： 1）进水淤塞指数 SDI_{15} 不宜大于 5； 2）进水游离余氯不宜大于 0.1mg/L； 3）进水悬浮物 SS 不宜大于 50mg/L； 4）进水化学需氧量 COD 不宜大于 1200mg/L；	单支膜元件产水量按膜生产商产品技术手册提供的 25℃ 条件下单支膜元件产水量。单位为 m^3/d 或 gpd。并按膜生产商产品技术手册提供的温度修正系数进行修正。也可以 25℃ 为设计温度，每升、降 1℃，产水量增加或减少 2.5% 计算

续表 D

渗沥液处理工艺	参考设计参数及技术要求	说　明
膜深度处理	5）进水电导率(20℃)不宜大于 20000μS/cm； 6）水温度宜为 15℃～30℃； 7）pH 值宜为 5.0～7.0； 8）反渗透膜通量宜为 10L/(m² · h)～15L/(m² · h)； 9）水回收率不宜低于 70％(25℃)； 10）操作压力宜为 1.5MPa～2.5MPa。 　4　当采用"单级 DTRO"时,适宜参数如下： 　1）进水淤塞指数 SDI_{15} 不宜大于 20； 　2）进水游离余氯不宜大于 0.1mg/L； 　3）进水悬浮物 SS 不宜大于 500mg/L； 　4）进水化学需氧量 COD 不宜大于 1200mg/L； 　5）进水生化需氧量（BOD_5）不宜大于 600mg/L； 　6）进水氨氮 NH_3-N 不宜大于 250mg/L； 　7）进水总氮 TN 不宜大于 400mg/L； 　8）进水电导率常压级不宜大于 30000μS/cm,高压级不宜大于 100000μS/cm； 　9）水温度宜为 15℃～30℃； 　10）常压级操作压力不宜大于 7.5MPa,高压反渗透操作压力不宜大于 12.0MPa 或 20.0MPa； 　11）系统水回收率不宜低于 75％(25℃)	单支膜元件产水量按膜生产商产品技术手册提供的 25℃条件下单支膜元件产水量。单位为 m³/d 或 gpd。并按膜生产商产品技术手册提供的温度修正系数进行修正。也可以 25℃为设计温度,每升、降 1℃,产水量增加或减少 2.5％计算

渗沥液处理工艺	参考设计参数及技术要求	说　明
多级反渗透处理（以两级DTRO为例）	1　进水淤塞指数 SDI_{15} 不宜大于 20； 2　进水游离余氯不宜大于 0.1mg/L； 3　进水悬浮物 SS 不宜大于 1500mg/L； 4　进水化学需氧量 COD 不宜大于 35000mg/L； 5　进水氨氮 NH_3-N 不宜大于 2500mg/L； 6　进水总氮 TN 不宜大于 4000mg/L； 7　进水电导率常压级不宜大于 30000μS/cm,高压级不宜大于 100000μS/cm； 8　水温度宜为 15℃～30℃； 9　常压级操作压力不宜大于 7.5MPa,高压反渗透操作压力不宜大于 12.0MPa 或 20.0MPa； 10　单级水回收率不宜低于 75%(25℃)	—

附录 E 填埋气体产气量估算

E.0.1 填埋气体产气量宜采用联合国气候变化框架公约(UNF-CCC)方法学模型,按下式计算:

$$E_{CH_4} = \varphi \cdot (1 - OX) \cdot \frac{16}{12} \cdot F \cdot DOC_F \cdot MCF \cdot$$

$$\sum_{x=1}^{y} \sum_{j} W_{j,x} \cdot DOC_j \cdot e^{-k_j \cdot (y-x)} \cdot (1 - e^{-k_j}) \quad (E.0.1)$$

式中:E_{CH_4}——在 x 年内甲烷产生量(t);

φ——模型校正因子;

OX——氧化因子;

16/12——碳转化为甲烷的系数;

F——填埋气体中甲烷体积百分比(默认值为0.5);

DOC_F——生活垃圾中可降解有机碳的分解百分率(%);

MCF——甲烷修正因子(比例);

$W_{j,x}$——在 x 年内填埋的 j 类生活垃圾成分量(t);

DOC_j——j 类生活垃圾成分中可降解有机碳的含量,按重量(%);

j——生活垃圾种类;

x——填埋场投入运行的时间;

y——模型计算当年;

k_j——j 类生活垃圾成分的产气速率常数(1/年)。

E.0.2 参数的选择宜符合下列规定:

1 φ:因模型估算的不确定性,宜采用保守方式,对估算结果进行10%的折扣,建议取值为0.9。

2 OX:反映甲烷被土壤或其他覆盖材料氧化的情况,宜取值 0.1。

3 DOC_j：不同生活垃圾成分中可降解有机碳的含量，在计算时应对生活垃圾成分进行分类，不同生活垃圾成分的 DOC 取值宜符合表 E.0.2-1 的规定。

表 E.0.2-1 不同生活垃圾成分的 DOC 取值

生活垃圾类型	DOC_j（%湿垃圾）	DOC_j（%干垃圾）
木质	43	50
纸类	40	44
厨余	15	38
织物	24	30
园林	20	49
玻璃、金属	0	0

4 k_j：生活垃圾的产气速率取值应考虑生活垃圾成分、当地气候、填埋场内的生活垃圾含水率等因素，不同生活垃圾成分的产气速率 k 取值宜符合表 E.0.2-2 的规定。

表 E.0.2-2 不同生活垃圾成分的产气率 k 取值表

生活垃圾类型		寒温带（年均温度<20℃）		热带（年均温度>20℃）	
		干燥 $MAP/PET<1$	潮湿 $MAP/PET>1$	干燥 $MAP<1000mm$	潮湿 $MAP>1000mm$
慢速降解	纸类、织物	0.04	0.06	0.045	0.07
	木质物、稻草	0.02	0.03	0.025	0.035
中速降解	园林	0.05	0.10	0.065	0.17
快速降解	厨渣	0.06	0.185	0.085	0.40

注：MAP 为年均降雨量，PET 为年均蒸发量。

5 *MCF*：填埋场管理水平分类及 *MCF* 取值应符合表 E. 0. 2-3 的规定。

表 E. 0. 2-3　填埋场管理水平分类及 *MCF* 取值表

场址类型	*MCF* 缺省值
具有良好管理水平	1. 0
管理水平不符合要求,但填埋深度≥5m	0. 8
管理水平不符合要求,但填埋深度＜5m	0. 4
未分类的生活垃圾填埋场	0. 6

6 *DOC*_F：联合国政府间气候变化专门委员会(IPCC)指南提供的经过异化的可降解有机碳比例的缺省值为 0. 77。该值只能在计算可降解有机碳时不考虑木质素碳的情况下才可以采用,实际情况应偏低于 0. 77,取值宜为 0. 5～0. 6。

本规范用词说明

1 为便于在执行本规范条文时区别对待,对要求严格程度不同的用词说明如下:

　　1)表示很严格,非这样做不可的:

　　　正面词采用"必须",反面词采用"严禁";

　　2)表示严格,在正常情况下均应这样做的:

　　　正面词采用"应",反面词采用"不应"或"不得";

　　3)表示允许稍有选择,在条件许可时首先应这样做的:

　　　正面词采用"宜",反面词采用"不宜";

　　4)表示有选择,在一定条件下可以这样做的,采用"可"。

2 条文中指明应按其他有关标准执行的写法为:"应符合……的规定"或"应按……执行"。

引用标准名录

《建筑地基基础设计规范》GB 50007

《室外给水设计规范》GB 50013

《室外排水设计规范》GB 50014

《建筑给水排水设计规范》GB 50015

《建筑设计防火规范》GB 50016

《采暖通风与空气调节设计规范》GB 50019

《建筑照明设计标准》GB 50034

《建筑物防雷设计规范》GB 50057

《电力装置的继电保护和自动装置设计规范》GB/T 50062

《火灾自动报警系统设计规范》GB 50116

《建筑灭火器配置设计规范》GB 50140

《防洪标准》GB 50201

《电力工程电缆设计规范》GB 50217

《建筑边坡工程技术规范》GB 50330

《工业企业设计卫生标准》GBZ 1

《厂矿道路设计规范》GBJ 22

《生活饮用水卫生标准》GB 5749

《生产过程安全卫生要求总则》GB/T 12801

《生活垃圾填埋场污染控制标准》GB 16889

《生活垃圾卫生填埋场环境监测技术要求》GB/T 18772

《城镇污水处理厂污泥处置　混合填埋用泥质》GB/T 23485

《生活垃圾填埋场稳定化场地利用技术要求》GB/T 25179

《城市防洪工程设计规范》CJJ 50

《生活垃圾卫生填埋场封场技术规程》CJJ 112

《生活垃圾卫生填埋场防渗系统工程技术规范》CJJ 113

《生活垃圾填埋场填埋气体收集处理及利用工程技术规范》CJJ 133

《生活垃圾渗沥液处理技术规范》CJJ 150

《生活垃圾卫生填埋场岩土工程技术规范》CJJ 176

《垃圾填埋场用高密度聚乙烯土工膜》CJ/T 234

《垃圾填埋场用线性低密度聚乙烯土工膜》CJ/T 276

《交流电气装置的接地》DL/T 621

《混凝土重力坝设计规范》DL 5108

《碾压式土石坝施工规范》DL/T 5129

《建筑地基处理技术规范》JGJ 79

《土工试验规程》SL 237

《水利水电工程天然建筑材料勘察规程》SL 251

《碾压式土石坝设计规范》SL 274

《水利水电工程边坡设计规范》SL 386

中华人民共和国国家标准

生活垃圾卫生填埋处理技术规范

GB 50869 - 2013

条 文 说 明

制 订 说 明

《生活垃圾卫生填埋处理技术规范》GB 50869—2013 经住房和城乡建设部 2013 年 8 月 8 日以第 107 号公告批准发布。

本规范在编制过程中，编制组对我国生活垃圾卫生填埋场近年来的发展和技术进步及填埋处理选址、设计、施工和验收的情况进行了大量的调查研究，总结了我国生活垃圾卫生填埋工程的实践经验，同时参考了国外先进技术标准，给出了垃圾填埋工程的相关计算方法及工艺参考设计参数。

为便于广大设计、施工、科研、院校等单位有关人员在使用本规范时能正确理解和执行条文规定，《生活垃圾卫生填埋处理技术规范》编制组按章、节、条顺序编制了本规范的条文说明，对条文规定的目的、依据以及执行中需注意的有关事项进行了说明。但是，本条文说明不具备与规范正文同等的法律效力，仅供使用者作为理解和把握规范规定的参考。

目　次

1 总 则

1.0.1 本条是关于制订本规范的依据和目的的规定。

《中华人民共和国固体废物污染环境防治法》（1996年4月1日实施）规定人民政府应建设城市生活垃圾处理处置设施，防止垃圾污染环境。

条文中的"技术政策"是指《城市生活垃圾处理及污染防治技术政策》（建城〔2000〕120号）及《生活垃圾处理技术指南》（建城〔2010〕61号）。

《城市生活垃圾处理及污染防治技术政策》对卫生填埋的技术政策为：在具备卫生填埋场地资源和自然条件适宜的城市，以卫生填埋作为垃圾处理的基本方案，同时指出卫生填埋是垃圾处理必不可少的最终处理手段，也是现阶段我国垃圾处理的主要方式。《城市生活垃圾处理及污染防治技术政策》还指出：开发城市生活垃圾处理技术和设备，提高国产化水平。着重研究开发填埋专用机具和人工防渗材料、填埋场渗沥液处理、填埋场封场和填埋气体回收利用等卫生填埋技术和成套设备。

《生活垃圾处理技术指南》对卫生填埋的规定为：卫生填埋技术成熟，作业相对简单，对处理对象的要求较低，在不考虑土地成本和后期维护的前提下，建设投资和运行成本相对较低。对于拥有相应土地资源且具有较好的污染控制条件的地区，可采用卫生填埋方式实现生活垃圾无害化处理。

1.0.2 本条是关于本规范的适用范围的规定。

条文中的"改建、扩建"主要指对老填埋场的堆体边坡整理与封场覆盖、填埋气体导排与处理、防渗系统加固与改造、渗沥液导排与处理等治理工程和新库区扩建工程。扩建工程要求按卫生填埋场要求进行全面设计与建设。

1.0.3 本条是关于生活垃圾卫生填埋工程采用新技术应遵循的原则的规定。

我国第一座严格按照标准设计的卫生填埋场是 1991 年投入运营的杭州天子岭生活垃圾填埋场，相对而言，我国的填埋技术仍处于发展阶段，很多技术都是从国外移植而来，在引用、借鉴国外填埋技术、工程经验时应考虑我国实际情况，选择符合我国垃圾特点及气候、地质条件的填埋技术。

条文中的"新工艺"是指能够提高填埋效率，加速填埋场稳定、减小二次污染的新型填埋工艺，如填埋前的机械-生物预处理、准好氧填埋、生物反应器填埋、高维填埋、垂直防渗膜工艺等。

机械-生物预处理通过机械分选和生物处理方法，可以有效降低水分含量和减少可生物降解物含量、恶臭散发及填埋气排放，并且有助于渗沥液处理，提高填埋库容，节省土地。

准好氧填埋是凭借无动力生物蒸发作用，不仅能有效加速垃圾降解，而且能使垃圾中大部分有机成分以 CO_2、N_2 等气体形式排放，可有效削减 CH_4 的产生。

生物反应器填埋技术将每个填埋单元视为可控小"生物反应器"，多个填埋单元构成的填埋场就是一个大的生物反应器。它具有生物降解速度快、稳定化时间短、渗沥液水质较易处理等特点。

高维填埋技术通过合理的设计，提高填埋场的空间利用效率，节约土地资源。传统填埋场空间效率系数一般为 $20m^3/m^2 \sim 30m^3/m^2$，高维填埋的空间效率系数可达 $50m^3/m^2 \sim 70m^3/m^2$。

垂直防渗膜工艺是采用专用设备将 HDPE 膜垂直插入库底，HDPE 膜段之间采用锁扣插接，形成连续的垂直防渗结构。HDPE 膜因其柔韧性，使其能适应地表土的移动且耐久性较好，故此工艺防渗效果好，施工效果可靠，且有较长的使用期限。

1.0.4 本条是关于卫生填埋工程建设应符合有关标准的规定。

3 填埋物入场技术要求

3.0.1 本条是关于进入生活垃圾卫生填埋场的填埋物类别的规定。

条文中"居民家庭垃圾"是指居民家庭产生的生活垃圾;"园林绿化废弃物"是指城市园林绿化管理业进行修剪整理绿化植物和设施以及城市城区范围内的风景名胜区、公园等景观场所产生的废弃物;"商业服务网点垃圾"是指城市中各种类型的商业、服务业及各种专业性生活服务网点所产生的垃圾;"清扫保洁垃圾"是指清扫保洁作业清除的城市道路、桥梁、隧道、广场、公园、水域及其他向社会开放的露天公共场所的垃圾;"交通物流场站垃圾"是指城市公共交通,邮政和公路、铁路、水上和航空运输及其相关的辅助活动场所,包括车辆修理、设施维护、物流服务(如装卸)等场所产生的垃圾;"企事业单位的生活垃圾"是指各单位为日常生活提供服务的活动中产生的固体废物。

有专家建议增加"建筑垃圾",因为我国生活垃圾卫生填埋场均接受施工和拆迁产生的建筑垃圾,而且大多数填埋场均将建筑垃圾作为临时道路和作业平台的垫层材料使用。考虑到建筑垃圾不是限定进入填埋场的危险废物,也不是一般工业固体废弃物,类似的还有堆肥残渣、化粪池粪渣等废弃物,因此本条文不对填埋场可接受的生活垃圾之外的废弃物作出具体规定。

填埋场建筑垃圾要求与生活垃圾分开存放,作为建筑材料备用,以满足填埋作业的需要。

3.0.2 本条是关于城镇污水处理厂污泥进入生活垃圾卫生填埋场混合填埋应执行有关标准的规定。

现行国家标准《城镇污水处理厂污泥处置　混合填埋用泥质》

GB/T 23485 规定城镇污水处理厂污泥进入生活垃圾填埋场时，污泥基本指标及限值要求满足表 1 的要求，其污染物指标及限值要求满足表 2 的要求。

表 1　基本指标及限值

序号	基本指标	限值
1	污泥含水率(%)	<60
2	pH 值	5～10
3	混合比例(%)	≤8

注：表中 pH 指标不限定采用亲水性材料(如石灰等)与污泥混合以降低其含水率措施。

表 2　污染物指标及限值

序号	污染物指标	限值
1	总镉(mg/kg 干污泥)	<20
2	总汞(mg/kg 干污泥)	<25
3	总铅(mg/kg 干污泥)	<1000
4	总铬(mg/kg 干污泥)	<1000
5	总砷(mg/kg 干污泥)	<75
6	总镍(mg/kg 干污泥)	<200
7	总锌(mg/kg 干污泥)	<4000
8	总铜(mg/kg 干污泥)	<1500
9	矿物油(mg/kg 干污泥)	<3000
10	挥发酚(mg/kg 干污泥)	<40
11	总氰化物(mg/kg 干污泥)	<10

　　为达到填埋要求，污泥填埋必须经过预处理工艺。污泥预处理实质上是通过添加改性材料，改善污泥的高含水率、高黏度、易流变、高持水性和低渗透系数的特性。污泥能否填埋取决于污泥或者污泥与其他添加剂形成的混合体的岩土力学性能。我国尚无专门针对污泥填埋的技术规范，因此规定了污泥混合填埋的岩土

力学性能指标。

3.0.3 本条为强制性条文。

条文中"危险废物"是指列入国家危险废物名录或者根据国家规定的危险废物鉴别标准《危险废物鉴别技术规范》HJ/T 298 及鉴别方法认定的具有危险特性的固体废物。如医院临床废物、农药废物、多数化学废渣、含废金属的废渣、废机油等。对危险废物的含义应当把握以下几点：

(1)本条文所说的危险废物不是一般的从公共安全角度说的危险物品，也就是它不是易燃、易爆、有毒的应由公安机关管理的危险物品，而是从对环境的危害与不危害的角度来分类的，是相对于无危害的一般固体废物而言的。

(2)危险废物是用名录来控制的，凡列入国家危险废物名录的废物种类都是危险废物，一旦发现生活垃圾中混有危险废物的，要采取特殊的对应防治措施和管理办法。

(3)虽然没有列入国家危险废物名录，但是根据国家规定的危险废物鉴别标准和鉴别方法，如该废物中某有害、有毒成分含量超标而认定的危险废物。

(4)危险废物的形态不限于固态，也有液态的，如废酸、废碱、废油等。由于危险废物具有急性毒性、毒性、腐蚀性、感染性、易燃易爆性，对健康和环境的威胁较大，因而严禁进入填埋场。

条文中"放射性废物"是指含有放射性核素或被放射性核素污染，其浓度或活度大于国家相关部门规定的水平，并且预计不再利用的物质。放射性废物，按其物理性状分为气载废物、液体废物和固体废物三类。

填埋场操作人员应抽查进场填埋物成分，一旦发现填埋物中混有危险废物和放射性废物，应严禁进场填埋。生活垃圾卫生填埋场应建立严禁危险废物和放射性废物进场的运行管理规程。

环境卫生管理部门应当检查填埋场运行管理规程和检查填埋作业区的填埋物。

3.0.4 本条是关于生活垃圾焚烧飞灰和医疗废物焚烧残渣进入生活垃圾卫生填埋场填埋应执行有关标准及技术要求的规定。

生活垃圾焚烧飞灰和医疗垃圾焚烧残渣经过有效处理能够达到现行国家标准《生活垃圾填埋场污染控制标准》GB 16889 规定的条件后可进入生活垃圾填埋场填埋处置,但因其特殊性,如固化后长期在渗沥液浸泡下具有渗出有害物质的潜在危险,故要求和生活垃圾分开填埋。

与生活垃圾填埋库区有效分隔的独立填埋库区应在设计阶段由设计单位设计独立的填埋分区,经处理后的生活垃圾焚烧飞灰和医疗垃圾焚烧残渣进场由填埋场运行管理单位执行分区填埋作业。

3.0.5 本条是关于填埋物计量、统计与核定方式的规定。

条文中"重量"是指填埋物净重量吨位,它等于装满生活垃圾的总重量吨位减去空垃圾车的重量吨位。

常用的填埋物计量方式有垃圾车的车吨位和重量吨位。不同来源的垃圾,垃圾的体积密度不一样,如对生活垃圾的统计采用垃圾车的车吨位进行,则随着垃圾体积密度的不断变化,车吨位与实际吨位差别也在不断变化。采用车吨位计量垃圾量会导致设计使用年限失真,填埋场处理规模不切实际。因此本条作出"填埋物应按重量进行计量、统计与核定"的规定。

3.0.6 本条是关于填埋物相关重要性状指标的原则性规定。

在多数专家意见的基础上,对"含水量"、"有机成分"及"外形尺寸"等几个重要指标仅作了定性要求,没有给出具体的定量指标。

部分专家提出仅作出定性要求,缺乏可操作性。也有提出"填埋物含水量应满足或调整到符合具体填埋工艺设计要求"的意见。但关于"含水量"的高低,对于规定的填埋物,一般不存在对填埋作业有太大的影响,可以不作规定,但对于没有限定的城市污水处理厂脱水污泥、化粪池粪渣等高含水率的废弃物进入填埋场,单元作业时摊铺、压实有一定困难,必须采取降低含水量的调整措施。

条文中"外形尺寸"是指填埋物的大小、结构和形状,涉及防渗封场覆盖材料的安全性、填埋气体的安全性以及填埋作业的难宜。对形状尖锐的物体,也要求进行破碎,避免破坏防渗、封场覆盖材料以及填埋作业的机械设备,保证现场工作人员的安全。本规范分别在第 11.6.7 条规定"对填埋物中可能造成腔型结构的大件垃圾应进行破碎",避免填埋气体局部聚集爆炸,第 12.1.6 条规定"在大件垃圾较多的情况下,宜设置破碎设备",以便填埋作业的进行。因此本条没有作重复规定。

条文中"有条件的填埋场宜采取机械-生物预处理减量化措施",主要是基于逐步提倡减少原生生活垃圾填埋的发展方向提出的。生活垃圾中可生物降解物是填埋处理中恶臭散发、温室气体产生、渗沥液负荷高等问题的主要原因,减少生活垃圾中可生物降解物含量受到了许多发达国家垃圾处理领域的高度关注。20 世纪 70 年代末,德国和奥地利最先提出生活垃圾填埋前的生物预处理,并推广应用,显著改善了传统卫生填埋带来的一些问题。欧洲垃圾填埋方针(CD1999/31/EU/1999)中提出在 1995 年的基础上,进入填埋场的有机废弃物在 2006 年减少 25%,2009 年减少 50%,2016 年减少 65%。德国在 1992 年颁布的垃圾处理技术标准(TA-Siedlungsabfall)中规定自 2005 年 6 月 1 日起,禁止填埋未经焚烧或生物预处理的生活垃圾。机械-生物预处理是减少生活垃圾中可生物降解物的主要方法之一,近年来该方法在欧洲国家的生活垃圾处理中得到广泛应用。我国大部分城市的生活垃圾含水率可以高达 50%~70%,有机质比例大约 60%。针对我国混合收集垃圾的特点,将生物处理技术作为填埋的预处理技术,可以有效降低水分含量和减少可生物降解物含量、恶臭散发及填埋气排放,并且有助于渗沥液处理,提高填埋库容,节省土地。

4 场 址 选 择

4.0.1 本条是关于填埋场选址前基础资料搜集工作的基本内容规定。

条文中提出收集"城市总体规划"的要求是因为填埋场作为城市环卫基础设施的一个重要组成部分,填埋场的建设规模要求与城市建设规模和经济发展水平一致,其场址的选择要求服从当地城市总体规划的用地规划要求。

条文中"地形图"是指符合现行国家标准《总图制图标准》GB/T 50103 的要求,其比例尺尺寸建议为1:1000。考虑到有地形图上信息反应不全或者地图的地物特征信息过旧的情况时,建议有条件的地方在地形图资料中增加"航测地形图"。

条文中"工程地质"的要求是从填埋场选址的岩土、理化及力学性质及其对建筑工程稳定性影响的角度提出,了解场地岩土性质和分布、渗透性,不良地质作用。填埋场场址要求选在工程地质性质有利的最密实的松散或坚硬的岩层之上,其工程地质力学性质要求保证场地基础的稳定性和使沉降量最小,并满足填埋场边坡稳定性的要求。场地要选在位于不利的自然地质现象、滑坡、倒石堆等的影响范围之外。

条文中"水文地质"的要求是从防止填埋场渗沥液对地下水的污染及地下水运动情况对库区工程影响的角度提出。了解场地地下水的类型、埋藏条件、流向、动态变化情况及与邻近地表水体的关系,邻近水源地的分布及保护要求。填埋场场址宜是独立的水文地质单元。场址的选择要求确保填埋场的运行对地下水的安全。

第7款是填埋场选址对气象资料的基本要求。条文中的"降水量"资料宜包括最大暴雨雨力(1h 暴雨量)、3h 暴雨强度、6h 暴雨强度、24h 暴雨强度、多年平均逐月降雨量、历史最大日降雨量和 20 年一遇连续七日最大降雨量等资料。条文中的"基本风压值"是指以当地比较空旷平坦的地面上离地 10m 高统计所得的 50 年一遇 10min 平均最大风速为标准,按基本风压＝最大风速的平方/1600 确定的风压值,其要求是基于填埋场建(构)筑物安全设计的角度提出的。

条文中"土石料条件"的要求是指由于填埋场的覆土一般为填埋库区容积的 10%～15%,坝体、防渗以及渗沥液收集工程也需要大量的土石料,如此大的需求量占用耕地或从远距离运输都不经济,填埋场选址要求考虑场址周边,土石料材料的供应情况以及具有相当数量的覆土土源。

4.0.2 本条为强制性条文,是关于填埋场选址限制区域的规定。

填埋场在运行过程中都会对周围环境产生一定的不利影响,如恶臭、病原微生物、扬尘以及防渗系统破坏后的渗沥液扩散污染等。并且在运行管理不善或自然灾害等因素的影响下会存在一定的生态污染风险和安全风险等。在选址过程中,这些影响都应考虑到。故生活垃圾填埋场的选址应远离水源地、居民活动区、河流、湖泊、机场、保护区等重要的、与人类生存密切相关的区域,将不利影响的风险降至最低。

条文规定的不应设在"地下水集中供水水源地及补给区,水源保护区",其具体要求遵守以下原则:

(1)距离水源,有一定卫生防护距离,不能在水源地上游和可能的降落漏斗范围内;

(2)选择在地下水位较深的地区,选择有一定厚度包气带的地区,包气带对垃圾渗沥液净化能力越大越好,以尽可能地减少污染因子的扩散;

(3)场地基础要求位于地下水(潜水或承压水)最高丰水位标高至少 1m 以上;

（4）场地要位于地下水的强径流带之外；

（5）场地要位于含水层的地下水水力坡度的平缓地段。

条文中的"洪泛区"是指江河两岸、湖周边易受洪水淹没的区域。

条文中的"泄洪道"是指水库建筑的防洪设备，建在水坝的一侧，当水库里的水位超过安全限度时，水就从泄洪道流出，防止水坝被毁坏。填埋场选址要求考虑场址的标高在50年一遇的洪水水位之上，并且在长远规划中的水库等人工蓄水设施的淹没区和保护区之外。

该强制性条文的贯彻实施单位应有建设项目所在地的建设、规划、环保、环卫、国土资源、水利、卫生监督等有关部门和专业设计单位。

4.0.3　本条是关于填埋场选址应符合要求的规定。

条文中的"交通方便，运距合理"是指靠近交通主干道，便于运输。填埋场与公路的距离不宜太近，以便于实施卫生防护。公路离填埋场的距离也不宜太大，以便于布置与填埋场的连通道路。

对于第5款规定的填埋场选址要求，其具体环境保护距离的设置宜根据环境影响评价报告结论确定。

填埋场选址还宜考虑填埋场工程建设投资和施工的难度问题。

由于填埋场大多处于农村地区或城乡结合部，因此填埋场选址要求紧密结合农村社会经济状况、农业生态环境特征和农民风俗习惯与文化背景，宜考虑兼顾各社会群体的利益诉求。

填埋场选址还要求考虑场址虽不跨越行政辖区但环境影响可能存在跨越行政辖区的问题。

4.0.4　本条是关于场址比选确定步骤的规定。

条文中的"场址周围人群居住情况"对填埋场选址很重要。填埋场选址场址宜不占或少占耕地及拆迁工程量小。拆迁量大，除了增加初期投资外，拆迁户的安置也较困难。填埋场滋生蚊、蝇等昆虫可能对场址及周边地区基本农田保护区、果园、茶园、蔬菜基地种植环境及农产品产生不良影响。另外,场址及周边群众因对垃圾厌恶情绪而滋生的对填埋场选址建设的抵触情绪可能发生群体性环境信访问题。这些问题处理不好,可能会给填埋场将来的运行管理带来不利影响。

场址确定方案中所指的"社会",包括民意。民意调查是填埋场选址的重要过程。了解群众的看法和意见,征得大众的理解和支持对于填埋场今后的建设和运行十分重要。

条文中的"选址勘察"可参考以下要求:

(1)选址勘察阶段要求以搜集资料和现场调查为主。宜搜集、调查本规范第4.0.1条所列资料。

(2)选址勘察要求初步评价场地的稳定性和适宜性,并对拟选的场址进行比较,提出推荐场址的建议。

(3)选址勘察要求进行下列工作:

1)调查了解拟选场址的不良地质作用和地质灾害发育情况及提出避开的可能性,对场地稳定性作出初步评价;

2)调查了解场址的区域地质、区域构造和地震活动情况,以及附近全新活动断裂分布情况,基本确定选址区的地震动参数;

3)概略了解场址区地层岩性、岩土构造、成因类型及分布特征;

4)调查了解场区地下水埋藏条件,了解附近地表水、水源地分布,概略评价其对场地的影响;

5)调查了解洪水的影响、地表覆土类型,初步评估地下资源可利用性;

6)初步评估拟建工程对下游及周边环境污染的影响;

7)初步分析场区工程与环境岩土问题,以及对工程建设的影响;

8)对工程拟采用的地基类型提出初步意见;

9)初步评估地形起伏及对场地利用或整平的影响,拟采用的地基基础类型,地基处理难易程度,工程建设适宜性。

5 总 体 设 计

5.1 一 般 规 定

5.1.1 本条是关于填埋工程总体设计应遵循的原则的规定。

5.1.2 本条是关于填埋场征地面积及分期和分区建设原则的规定。

《城市生活垃圾处理和给水与污水处理工程项目建设用地指标》(建标〔2005〕157号)规定:填埋处理工程项目总用地面积应满足其使用寿命10年及以上的垃圾容量,填埋库区每平方米占地平均应填埋8m³～10m³垃圾。行政办公与生活服务设施用地面积不得超过总用地面积的8%～10%(小型填埋处理工程项目取上限)。

采用分期和分区建设方式的优点是:减少一次性投资;减少渗沥液处理投资和运行成本;减少运土或买土的费用,前期填埋库区的开挖土可以在未填埋区域堆放,逐渐地用于前期填埋库区作业时的覆盖土。

分区建设要考虑以下方面:考虑垃圾量,每区的垃圾库容能够满足一段时间使用年限的需要;可以使每个填埋库区在尽可能短的时间内得到封闭;分区的顺序有利于垃圾运输和填埋作业;实现雨、污水分流,使填埋作业面积尽可能小,减少渗沥液的产生量;分区能满足工程分期实施的需要。

5.1.3 本条是关于填埋场主体工程构成内容的规定。

本条规定的目的主要是为避免多列主体工程或漏项。地基处理与防渗系统、垃圾坝、防洪、雨污分流及地下水导排系统、渗沥液导流及处理系统、填埋气体导排及处理系统、封场工程等设施的布置要求可参见本规范有关章节。

5.1.4 本条是关于填埋场辅助工程构成内容的规定。

条文中的"设备"、"车辆"主要包括日常填埋作业中所需的推铺设备(如推土机)、碾压设备(如压实机)、取土设备(如挖掘机、装载机、自卸车)、喷药和洒水设备(如洒水车)、工程巡视设备等其他在填埋作业中要经常使用的机械车辆和设备。

5.2 处理规模与填埋库容

5.2.1 本条是关于填埋场处理规模表征及分类的规定。

处理规模分类是依据《生活垃圾卫生填埋处理工程项目建设标准》(建标〔2009〕124 号)的填埋场处理规模分类规定的。

处理规模较小而所建填埋场库容太大,或处理规模大而所建填埋场库容太小均会造成投资的浪费。合理使用年限的填埋场,处理规模和填埋场库容存在着一定的对应关系,所以要求将填埋场处理规模和填埋库容综合考虑。

5.2.2 本条是关于填埋场日平均处理量确定方法的规定。

通过生活垃圾产量的预测,根据有效库容计算累积的生活垃圾填埋总量,再由使用年限经计算后确定日平均填埋量。

宜采用人均指标和年增长率法、回归分析法、皮尔曲线法和多元线性回归法对生活垃圾产量进行预测。可优先选用人均指标和年增长率法;回归分析法为国家现行标准《城市生活垃圾产量计算及预测方法》CJ/T 106 规定的方法,可选用或作为校核;皮尔曲线法和多元线性回归法计算过程复杂,所需历史数据较多,可供参考或用于校核。人均指标法预测生活垃圾产量参考如下:

(1)采用人均指标法预测生活垃圾年产量,见式(1):

$$\frac{预测年生活垃圾}{年产量} = \frac{该年服务范围}{内的人口数} \times \frac{该年人均生活垃圾}{日产量} \times 365 \quad (1)$$

(2)人口预测:服务范围内的人口预测数据,可主要参考服务区域社会经济发展规划、总体规划以及各专项规划中的数据。

当现有预测数据存在明显问题(如所依据的规划文件人口预

测数值小于现状值、翻番增长)或没有规划数据时,可采用近 4 年人口平均年增长率法进行预测,计算见式(2):

$$规划人口＝现状人口×(1+i)^t \qquad (2)$$

式中:i——近 4 年人口年平均增长率(％);

t——预测年数,宜为使用年限。

现状人口的计算方法为:服务范围内人口数＝常住人口数＋临时居住人口数＋流动人口数×K,其中 $K＝0.4～0.6$。

(3)预测年人均生活垃圾日产量:预测年人均生活垃圾日产量值可参考近十年该市人均生活垃圾日产量数据来确定。

在日产日清的情况下,人均日产量等于该服务范围内一天产出垃圾量与该区域人口数的比值,见式(3):

$$R＝\frac{P \cdot W}{S}×10^3 \qquad (3)$$

式中:R——人均日产量(kg/人);

P——产出地区垃圾的容重(kg/L);

W——日产出垃圾容积(L);

S——居住人数(人)。

5.2.3 本条是关于填埋库容应满足使用年限的基本规定。

填埋场所需有效库容由日平均填埋量和填埋场使用年限决定。

条文中"使用年限在 10 年及以上"的要求主要是从选址要求满足较大库容的角度提出的。填埋场选址要充分利用天然地形以增大填埋容量。填埋场使用年限是填埋场从填入生活垃圾开始至填埋场封场的时间。从理论上讲,填埋场使用年限越长越好,但考虑填埋场的经济性、填埋场选址的可能性以及填埋场封场后利用的可行性,填埋场使用年限要求综合各因素合理规划。

5.2.4 本条是关于填埋库容和有效库容计算方法的规定。

(1)填埋场库容计算:地形图完备时,填埋库容计算可优先选用结合计算机辅助的方格网法;库底复杂、起伏变化较大时,填埋库容计算可选择三角网法;填埋库容计算可选用等高线剖切法进行校核。

方格网法参考如下:

1)将场地划分成若干个正方形格网,再将场底设计标高和封场标高分别标注在规则网格各个角点上,封场标高与场底设计标高的差值即为各角点的高度。

2)计算每个方格内四棱柱的体积,再将所有四棱柱的体积汇总即可得到总的填埋库容。方格网法库容计算见本规范附录 A式(A.0.1)。

3)计算时一般将库区划分为边长 10~40m 的正方形方格网,方格网越小,精度越高。实际工程计算中应用较多的方法是,将填埋场库区划分为边长 20m 的正方形方格网,然后结合软件进行计算。

(2)有效库容计算:根据地形计算出的库容为填埋库区的总容量,包含有效库容(实际容纳的垃圾体积)和非有效库容(覆盖和防渗材料占用的体积)。

有效库容由填埋库容与有效库容系数计算取得。长期以来,大部分设计院的有效库容系数取值一般由经验确定(12%~20%),缺乏结合工艺设计的计算依据。本规范根据目前各设计院的覆盖和防渗做法,结合国家现行标准规定的技术指标,细分了覆盖和防渗材料占用体积的有效库容系数,附录 A 提供了计算方法。

5.3　总平面布置

5.3.1　本条是关于填埋场总平面布置应进行技术经济比较后确定的原则规定。

5.3.2　本条是关于填埋场功能分区布置的原则规定。

5.3.3 本条是关于填埋库区面积使用率要求及填埋库区单位占地面积填埋量的规定。

填埋库区使用面积小于场区总面积的60%会造成征地费用增加及多占用土地,但可以通过优化总体布置提高使用率。根据国内外大多数填埋场的实例,合理的填埋库区使用面积基本控制到70%～90%(处理规模小取下限,处理规模大取上限)。非填埋区的土地要求用于填埋场建设必要的设施和附属工程,避免土地资源的荒置和浪费。

5.3.4 本条是关于填埋库区分区布置应考虑的主要因素的规定。

填埋库区的分区布置要以实际地形为依据,同时结合填埋作业工艺;对平原型填埋场的分区宜以水平分区为主,坡地型、山谷型填埋场的分区可以兼顾水平、垂直分区;垂直分区要求随垃圾堆高增加,将边坡截洪沟逐步改建成渗沥液盲沟。

5.3.5 本条是关于渗沥液处理区构筑物布置及间距的基本要求。

5.3.6 本条是关于填埋场附属建(构)筑物的布置、面积应遵循的原则的规定。

填埋场运行过程中的飘散物和有毒有害气体等,可以随风飘散到生活管理区。我国大部分地区属于亚热带气候,夏季气温普遍较高,填埋库区的影响尤为明显,故条文规定"宜布置在夏季主导风向的上风向"。

条文中的"管理区"可包括办公楼、化验室、员工宿舍、食堂、车库、配电房、食堂、传达室等;根据填埋场总布置的不同,设备维修、车辆冲洗、全场消防水池及供水水塔也可设在管理区。管理区宜根据当地的工作人员编制、居住环境、经济水平等需要确定规模及设计方案。具体生活、管理及其他附属建(构)筑物组成及其面积应因地制宜考虑确定,本规范未作统一规定,但指标要求应符合现行的有关标准。

各类填埋场建筑面积指标不宜超过表3所列指标。

表 3　填埋场建筑面积指标表(m²)

建设规模	生产管理与辅助设施	生活服务设施
Ⅰ级	850~1200	450~640
Ⅱ级	750~1100	380~550
Ⅲ级	650~950	250~440
Ⅳ级	600~850	130~260

注:建设规模大的取上限,建设规模小的取下限。

5.3.7　本条是关于填埋场库区和渗沥液处理区管线布置的基本规定。

5.3.8　本条是关于环境监测井布置应符合有关标准的规定。

5.4　竖向设计

5.4.1　本条是关于竖向设计应考虑因素的原则规定。

条文中的"减少土方工程量"是指要求结合原始地形,尽量减少库底、渗沥液处理区及调节池的开挖深度。

5.4.2　本条是关于填埋场垂直分区和封场标高的原则规定。

在垂直分区建设中,锚固平台一般与临时截洪沟合建,填埋作业至临时截洪沟标高时,截洪沟可改造后用于边坡渗沥液导流。

5.4.3　本条是关于填埋库区库底、截洪沟、排水沟等有关设施坡度设计基本要求的规定。

坡度的要求是为了确保填埋库区库底渗沥液收集系统能自重流导排。如受地下水埋深、土方平衡、平原型填埋场高差和整体设计的影响,可适度降低导排管纵向的坡度要求,但要保证不小于1‰的坡度。

5.4.4　本条是关于结合竖向设计考虑调节池位置设置的规定。

调节池设置在场区地势较低处,利于渗沥液自流。

5.5　填埋场道路

5.5.1　本条是关于填埋场道路分类和不同类型道路设计基本原则的规定。

填埋场永久性道路等级可依据垃圾车交通量选择：

（1）垃圾车的日平均双向交通量（日交通量以 8 小时计）在 240 辆次以上的进场道路和场区道路，可采用一级露天矿山道路。

（2）垃圾车的日平均双向交通量在 100 辆次～240 辆次的进场道路和场区道路，可采用二级露天矿山道路。

（3）垃圾车的日平均双向交通量在 100 辆次以下的进场道路和场区道路，可采用三级露天矿山道路；辅助道路和封场后盘山道路均宜采用三级露天矿山道路。

不同等级道路宽度可参考表 4 选择。

表 4 车宽和道路宽度(m)

计算车宽		2.3	2.5	3
双车道道路路面宽(路基宽)	一级	7.0(8.0)	7.5(8.0)	9.0(10.0)
	二级	6.5(7.5)	7.0(8.0)	8.0(9.0)
	三级	6.0(7.0)	6.5(7.5)	7.0(8.0)
单车道道路路面宽(路基宽)	一、二级	4.0(5.0)	4.5(5.5)	5.0(6.0)
	三级	3.5(4.5)	4.0(5.0)	4.5(5.5)

注：路肩可适当加宽。

道路纵坡要求不大于表 5 的规定。如受地形或其他条件限制，道路坡度极限要求不大于 11%；作业区临时道路坡度宜根据库区垃圾堆体具体情况设计，可适当增大坡度。

表 5 道路最大坡度

道路等级	一级	二级	三级
最大坡度(%)	7	8	9

注：1 受地形或其他条件限制时，上坡的场外道路和进场道路的最大坡度可增加 1%；

2 海拔 2000m 以上地区的填埋场道路的最大坡度不得增加；

3 在多雾或寒冷冰冻、积雪地区的填埋场道路的最大坡度不宜大于 7%。

条文中"临时性道路"包括施工便道、库底作业道路等。临时性道路宜以块石、碎石作基础，也可采用经多次碾压的填埋垃圾或建筑垃圾作基础。临时道路计算行车速度以 15km/h 计。受地形或其他条件限制时,临时道路的最大坡度可比永久性道路增加 2%。

条文中"回车平台"是指道路尽头设置的平台,回车平台面积要求根据垃圾车最小转弯半径和路面宽度确定。

条文中"会车平台"是指当填埋场的运输道路为单行道时设置的会车平台,平台的设置根据车流量、道路的长度和路线决定。会车平台不宜设置在道路坡度较大的路段;平台的尺寸大小要求根据运输车辆的车型设计,通常要求预留较大的安全空间。

条文中"防滑"措施包括路面的防滑处理,南方地区由于雨季频繁、垃圾含水率高,通常在临时道路上铺设防滑的钢板或合成防滑模块等。

条文中"防陷"包括对路基的加固处理等防止路面下陷的措施。

5.5.2 本条是关于道路路线设计应考虑因素的基本规定。

5.5.3 本条是关于道路设计应满足填埋场运行要求的基本规定。

5.6 计 量 设 施

5.6.1 本条是关于地磅房设置位置的基本规定。

地磅房宜位于运送生活垃圾和覆盖黏土的车辆进入填埋库区必经道路的右侧。

5.6.2 本条是关于地磅进车路段的规定。

如受地形或其他条件限制,进车端的道路要求不小于 1 辆车长;出车端的道路,要求有不小于 1 辆车长的平坡直线段。

5.6.3 本条是关于计量地磅的类型、规格及精度的规定。

Ⅰ类填埋场宜设置 2 台地磅。

5.6.4 本条是关于填埋场计量设施应具备的基本功能的规定。

5.7 绿 化 及 其 他

5.7.1 本条是关于填埋场绿化布置及绿化率控制的规定。

场区绿化率不包括封场绿化面积。

5.7.2 本条是关于绿化带和封场生态恢复的规定。

条文中的"绿化带"要求综合考虑养护管理,选择经济合理的本地区植物;可种植易于生长的高大乔木,并与灌木相间布置,以减少对道路沿途和填埋场周围居民点的环境污染;生产、生活管理区和主要出入口的绿化布置要求具有较好的观赏及美化效果。

条文中的"生态恢复"宜选用易于生长的浅根树种、灌木和草本作物等。

5.7.3 本条是关于填埋场设置防火隔离带及防飞散设施的规定。

条文中"安全防护设施"主要是指铁丝防护网或者围墙,防止动物窜入或拾荒者随意进入而发生危险。

条文中的"防飞散设施"是为减少填埋作业区垃圾飞扬对周边环境造成的污染。一般要求根据气象资料,在填埋作业区下风向位置设置活动式防飞散网。防飞散网宜采用钢丝网或尼龙网,具体尺寸根据填埋作业情况而定,一般可设置为高 4m～6m,长不小于 100m,并在填埋作业的间歇时间由人工去除网上的垃圾。

5.7.4 本条是关于填埋场防雷设计原则的规定。

6 地基处理与场地平整

6.1 地基处理

6.1.1 本条是关于填埋库区地基应具有承载填埋体负荷,以及当不能满足要求时应进行地基处理的原则规定。

库区的地基要保证填埋堆体的稳定。工程建设前要求结合地勘资料对填埋库区地基进行承载力计算、变形计算及稳定性计算,对不满足建设要求的地基要求进行相应的处理。

6.1.2 本条是关于地基的设计应符合相关标准的原则规定。

本条中的"其他建(构)筑物"主要包括垃圾坝、调节池、渗沥液处理主要构筑物及生活管理区主要建(构)筑物。

6.1.3 本条是关于地基处理方案选择的原则规定。

选用合适的地基处理方案建议考虑以下几点:

(1)根据结构类型、荷载大小及使用要求,结合地形地貌、地层结构、土质条件、地下水特征、环境情况和对邻近建筑的影响等因素进行综合分析,初步选出几种可供考虑的地基处理方案,包括选择两种或多种地基处理措施组成的综合处理方案。

(2)对初步选出的各种地基处理方案,分别从加固原理、适用范围、预期处理效果、耗用材料、施工机械、工期要求和对环境的影响等方面进行技术经济分析和对比,选择最佳的地基处理方法。

(3)对已选定的地基处理方法,宜按建筑物地基基础设计等级和场地复杂程度,在有代表性的场地上进行相应的现场试验或试验性施工,并进行必要的测试,检验设计参数和处理效果。如达不到设计要求时,要查明原因,修改设计参数或调整地基处理方法。

6.1.4 本条是关于填埋库区应进行承载力计算及最大堆高验算的原则规定。

（1）地基极限承载力计算。

1）首先将填埋单元的不规则几何形式简化成规则（矩形）底面，然后采用太沙基极限理论分析地基极限承载力。

2）极限承载力计算见式（4）和式（5）。

$$P'_u = P_u / K \tag{4}$$

$$P_u = \frac{1}{2} b\gamma N_r + cN_c + qN_q \tag{5}$$

式中：P'_u——修正地基极限承载力（kPa）；

$\quad\quad P_u$——地基极限荷载（kPa）；

$\quad\quad \gamma$——填埋场库底地基土的天然重度（kN/m³）；

$\quad\quad c$——地基土的黏聚力（kPa），按固结、排水后取值；

$\quad\quad q$——原自然地面至填埋场库底范围内土的自重压力（kPa）；

N_r、N_c、N_q——地基承载力系数，均为 $\tan(45° + \varphi/2)$ 的函数，其中，N_r、N_q 与垃圾填埋体的形状和埋深有关，其取值根据地勘资料确定；

$\quad\quad \varphi$——地基土内摩擦角（°），按固结、排水后取值；

$\quad\quad b$——垃圾体基础底宽（m）；

$\quad\quad K$——安全系数，可根据填埋规模确定，见表 6。

表 6　各级填埋场安全系数 K 值表

重要性等级	处理规模（t/d）	K
Ⅰ级	≥900	2.5～3.0
Ⅱ级	200～900	2.0～2.5
Ⅲ级	≤200	1.5～2.0

（2）最大堆高计算。

根据计算出的修正极限承载力 P'_u，可得极限堆填高度 H_{max}：

$$H_{max} = (P'_u - \gamma_2 d) \frac{1}{\gamma_1} \tag{6}$$

式中：P'_u——修正后的地基极限承载力（kPa），由式（4）求得；

γ_1,γ_2——分别为垃圾堆体和被挖出土体的重力密度（kN/m³）；

d——垃圾堆体埋深（m）。

6.1.5 本条是关于填埋库区地基沉降及不均匀沉降计算要求的规定。

（1）地基沉降计算。

1）采用传统土力学分析法：填埋库区地基沉降可根据现行国家标准《建筑地基基础设计规范》GB 50007 提供的方法，计算出填埋库区地基下各土层的沉降量，加和后乘以一定的经验系数。

2）瞬时沉降、主固结沉降和次固结沉降计算方法：对于黏土地基的沉降计算可分为三部分：瞬时沉降、主固结沉降和次固结沉降。这主要是由于黏土层透水性较差，加载后固结沉降的速度较慢，使主固结与次固结沉降间存在差异。砂土地基的沉降仅包括瞬时沉降。

（2）不均匀沉降计算。

通过布置于填埋库区地基的每一条沉降线上不同沉降点的总沉降计算值，可以确定不均匀沉降、衬里材料和渗沥液收集管的拉伸应变及沉降后相邻沉降点之间的最终坡度。

6.2 边 坡 处 理

6.2.1 本条是关于库区地基边坡设计应符合相关标准的原则规定。

（1）填埋库区边坡工程设计时应取得下列资料：

1）相关建（构）筑物平、立、剖面和基础图等。

2）场地和边坡的工程地质和水文地质勘察资料。

3）边坡环境资料。

4）施工技术、设备性能、施工经验和施工条件等资料。

5）条件类同边坡工程的经验。

（2）填埋库区边坡坡度设计要求：

1）填埋库区边坡坡度宜取 1∶2，局部陡坡要求不大于 1∶1。

2)削坡修整后的边坡要求光滑整齐,无凹凸不平,便于铺膜。基坑转弯处及边角均要求采取圆角过渡,圆角半径不宜小于 1m。

3)对于少部分陡峭的边坡要求削缓平顺,不可形成台阶状、反坡或突然变坡,边坡处边坡角宜小于 20°。

6.2.2 本条是关于地基边坡稳定计算的规定。

(1)填埋库区边坡工程安全等级要求根据边坡类型和坡高等因素确定,见表 7。

表 7　填埋库区边坡工程安全等级

边坡类型		边坡高度	破坏后果	安全等级
岩质边坡	岩体类型为Ⅰ 或Ⅱ类	$H \leqslant 30$	很严重	一级
			严重	二级
			不严重	三级
	岩体类型为Ⅲ 或Ⅳ类	$15 < H \leqslant 30$	很严重	一级
			严重	二级
		$H \leqslant 15$	很严重	一级
			严重	二级
			不严重	三级
土质边坡		$10 < H \leqslant 15$	很严重	一级
			严重	二级
		$H \leqslant 10$	很严重	一级
			严重	二级
			不严重	三级

注:1　一个边坡工程的各段,可根据实际情况采用不同的安全等级;

　　2　对危害性极严重、环境和地质条件复杂的特殊边坡工程,其安全等级应根据工程情况适当提高。

(2)进行稳定计算时,要求根据边坡的地形地貌、工程地质条件以及工程布置方案等,分区段选择有代表性的剖面。边坡稳定性验算时,其稳定性系数要求不小于表 8 规定的稳定安全系数的要求,否则需对边坡进行处理。

表 8　边坡稳定安全系数

计算方法 \ 安全系数 \ 安全等级	一级边坡	二级边坡	三级边坡
平面滑动法	1.35	1.30	1.25
折线滑动法			
圆弧滑动法	1.30	1.25	1.20

注:对地质条件很复杂或破坏后果极严重的边坡工程,其稳定安全系数宜适当提高。

(3)边坡稳定性计算方法,根据边坡类型和可能的破坏形式,可参考下列原则确定:

1)土质边坡和较大规模的碎裂结构岩质边坡宜采用圆弧滑动法计算;

2)对可能产生平面滑动的边坡宜采用平面滑动法进行计算;

3)对可能产生折线滑动的边坡宜采用折线滑动法进行计算;

4)对结构复杂的岩质边坡,可配合采用赤平极射投影法和实体比例投影法分析;

5)当边坡破坏机制复杂时,宜结合数值分析法进行分析。

6.2.3　本条是关于边坡支护解构形式选定的原则规定。

边坡支护结构常用形式可参照表 9 选定。

表 9　边坡支护结构常用形式

结构类型 \ 条件	边坡环境	边坡高度 H(m)	边坡工程安全等级	说明
重力式挡墙	场地允许,坡顶无重要建(构)筑物	土坡,$H \leqslant 8$ 岩坡,$H \leqslant 10$	一、二、三级	土方开挖后边坡稳定较差时不应采用
扶壁式挡墙	填方区	土坡,$H \leqslant 10$	一、二、三级	土质边坡
悬臂式支护		土坡,$H \leqslant 8$ 岩坡,$H \leqslant 10$	一、二、三级	土层较差,或对挡墙变形要求较高时,不宜采用

条件 结构类型	边坡环境	边坡高度 H(m)	边坡工程 安全等级	说明
板肋式或格构式锚杆挡墙支护		土坡,$H \leqslant 10$ 岩坡,$H \leqslant 30$	一、二、三级	坡高较大或稳定性较差时宜采用逆作法施工。对挡墙变形有较高要求的土质边坡,宜采用预应力锚杆
排桩式锚杆当墙支护	坡顶建(构)筑物需要保护,场地狭窄	土坡,$H \leqslant 15$ 岩坡,$H \leqslant 30$	一、二级	严格按逆作法施工。对挡墙变形有较高要求的土质边坡,应采用预应力锚杆
岩石锚喷支护		Ⅰ类岩坡,$H \leqslant 30$	一、二、三级	—
		Ⅱ类岩坡,$H \leqslant 30$	二、三级	
		Ⅲ类岩坡,$H < 15$	二、三级	
坡率法	坡顶无重要建(构)筑物,场地有放坡条件	土坡,$H \leqslant 10$ 岩坡,$H \leqslant 25$	二、三级	不良地质段,地下水发育区、流塑状土时不应采用

6.3 场 地 平 整

6.3.1 本条是关于场地平整应满足填埋场几个基本要求的规定。

（1）要求尽量减少库底的平整设计标高，以减少库底的开挖深度，减少土方量，减少渗沥液、地下水收集系统及调节池的开挖深度。

（2）场地平整设计时除要求满足填埋库容要求外，尚要求兼顾边坡稳定及防渗系统铺设等方面的要求。

（3）场地平整压实度要求：

1）地基处理压实系数不小于0.93；

2）库区底部的表层黏土压实度不得小于0.93；

3）路基范围回填土压实系数不小于0.95；

4）库区边坡的平整压实系数不小于0.90。

（4）场地平整设计要求考虑设置堆土区，用于临时堆放开挖的土方，同时要求做相应的防护措施，避免雨水冲刷，造成水土流失。

（5）场地平整前的临时作业道路设计要求结合地形地势，根据场地平整及填埋场运行时填埋作业的需要，方便机械进场作业，土方调运。

（6）场地平整时要求确保所有裂缝和坑洞被堵塞，防止渗沥液渗入地下水，同时有效防止填埋气体的横向迁移，保证周边建（构）筑物的安全。

6.3.2 本条是关于场地平整应防止水土流失的规定。

（1）场地平整采用与膜铺设同步进行，分区实施场地平整的方式，目的是为防止水土流失和避免二次清基、平整。

（2）用于临时堆放开挖土方的堆土区要求做相应的防护措施，能避免雨水冲刷，防止造成水土流失。

6.3.3 本条是关于填埋场场地平整土方量计算要求的规定。

条文中的"填挖土方"，挖方包括库区平整、垃圾坝清基及调节池挖方量，填方包括库区平整、筑坝、日覆盖、中间覆盖及终场覆盖所需的土方量。填埋场地开挖的土方量不能满足填方要求时，要本着就近的原则在周边取土。

条文中的"选择合理的方法进行土方量计算"，是指土方计算宜结合填埋场建设地点的地形地貌、面积大小及地形图精度等因素选择合理的计算方法，并宜采用另一种方法校核。各种方法的适用性比较详见表10。

表10 土方计算方法比较表

计算方法	适用对象	优点	缺点
断面法	断面法计算土方适用于地形沿纵向变化比较连续，地狭长、挖填深度较大且不规则的地段	计算方法简单，精度可根据间距 L 的长度选定，L 越小，精度就越高。适于粗略快速计算	计算量大，尤其是在范围较大、精度要求高的情况下更为明显； 计算精度和计算速度矛盾，若是为了减少计算量而加大断面间隔，就会降低计算结果的精度； 局限性较大，只适用于条带线路方面的土方计算
方格网法	对于大面积的土石方估算以及一些地形起伏较小、坡度变化不大的场地适宜用方格网法，方格网法是目前使用最为广泛的土方计算方法	方格网法是土方量计算的最基本的方法之一。简便易于操作，在实际工作中应用非常广泛	地形起伏较大时，误差较大，且不能完全反映地形、地貌特征
三角网法	三角网法计算土方适用于小范围、大比例尺、高精度，地形复杂起伏变化较大的地形情况	适用范围广，精度高，局限性小	高程点录入及计算复杂

计算方法	适用对象	优点	缺点
计算机辅助计算	适用于地形资料完整(等高线及离散点高程)、数据齐全的地形	计算精确,自动化程度高,不易出错,可以自动生成场地三维模型以及场地断面图,直观表达设计成果,应用广泛	对地形图要求非常严格,需要有完整的高程点或等高线地形图

条文中的"填挖土方相差较大时,应调整库区设计高程",如挖方大于填方,要升高设计高程;填方大于挖方,则降低设计高程。

7 垃圾坝与坝体稳定性

7.1 垃圾坝分类

7.1.1 本条是关于筑坝材料不同的坝型分类规定。

7.1.2 本条是关于坝高的分类规定。

7.1.3 本条是关于垃圾坝位置和作用不同的坝体类型分类规定。

7.1.4 本条是关于垃圾坝坝体建筑级别的分类规定。

7.2 坝址、坝高、坝型及筑坝材料选择

7.2.1 本条是关于坝址选择应考虑的因素及技术经济比较的原则规定。

条文中的"岩土工程勘察"可参考以下要求：

（1）勘察范围要求根据开挖深度及场地的工程地质条件确定，并宜在开挖边界外按开挖深度的 1 倍～2 倍范围内布置勘探点；当开挖边界外无法布置勘探点时，要求通过调查取得相应资料；对于软土，勘察范围尚宜扩大。

（2）基坑周边勘探点的深度要求根据基坑支护结构设计要求确定，不宜小于 1 倍开挖深度，软土地区应穿越软土层。

（3）查明断裂带产状、带宽、导水性。

（4）查明与基本坝及堆坝（垃圾）安全有关的地质剖面图及各地层物理力学特性。

（5）明确坝址的地震设防等级。

（6）勘探点间距视地层条件而定，一般工程处于可研性研究阶段勘探点间距不宜大于 30m；初步设计间距不宜大于 20m；施工阶段对于地质变化多样的地区勘探点间距不宜大于 15m；地层变化较大时，要求增加勘探点，查明分布规律。

条文中的"地形地貌",建议结合坝体类型考虑以下坝体选址特点：

山谷型场地：坝体可选择在谷地（填埋库区）的谷口和标高相对较低的垭口或鞍部。

平原型场地：坝体可依库容所需选择,环库区一圈形成库容,坝体建在地质较好的地段。

坡地形场地：坝体可在地势较低的地段选择,与地形连接形成库容。

条文中的"筑坝材料来源"是指坝址附近有无足够宜于筑坝的土石料以及利用有效挖力的可能性。

条文中的"气候条件"是指严寒期长短、气温变幅、雨量和降雨的天数等。

条文中的"施工交通情况"是指有无通向垃圾坝的交通线,可否利用当地的施工基地;铺设各种道路的可能性,包括施工期间直达坝址、运行期间经过坝顶的通路。

在其他条件相同的情况下,垃圾坝要求布置在最窄位置处,以减少坝体工程量。但若最窄位置处地基的地质条件有严重缺陷,则坝址可布置在宽而基础好的位置。

7.2.2 本条是关于坝高设计方案应考虑的因素及技术经济比较的原则规定。

当坝高较低时,由于其筑坝成本与安全性小于增大库容带来的经济性,可以根据实际库容需要进行加高;当坝体高度大于 10m 以上时,由于其筑坝成本与安全性可能大于增大的库容所带来的经济性,此时增加的坝高需进行合理分析。

7.2.3 本条是关于坝型选择方案应考虑的因素及技术经济比较的原则规定。

条文中的"地质条件"是指坝址基岩、覆盖层特征及地震烈度等。

条文中的"筑坝材料来源"是指筑坝材料的种类、性质、数量、位置和运距等。

条文中的"施工条件"是指施工导流、施工进度与分期、填筑强度、气象条件、施工场地、运输条件和初期度汛等。

条文中的"坝高"是指由于土石坝对坡比要求不大于1:2,故在地基情况较好的情况下,高坝宜采用混凝土坝,可减少坝基的面积和土方量;低坝、中坝可根据实际情况选择。

条文中的"坝基防渗要求"是指若坝基处于浸水中,则宜考虑选择混凝土坝;如因条件限制选择黏土坝,则需考虑对坝基进行防渗处理。

7.2.4 本条是关于筑坝材料的调查和土工试验应符合相关标准的原则规定,以及关于土石坝填筑材料设计控制指标的规定。

(1)筑坝土、石料的选择可参考以下要求:

1)具有或经加工处理后具有与其使用目的相适应的工程性质,并能够长期保持稳定。

2)宜就地、就近取材,减少弃料少占或不占农田;应优先考虑库区建(构)筑物开挖料的利用。

3)便于开采、运输和压实。

4)植被破坏较少且环境影响较小,应便于采取保护措施、恢复水土资源。

(2)筑坝土料宜使用自然形成的黏性土。筑坝土料应具有较好的塑性和渗透稳定性,保证在浸水与失水时体积变化小。

(3)筑坝不得采用的土料有以下几种:

1)含草皮、树根及耕植土或淤泥土,遇水崩解、膨胀的一类土。

2)沼泽土膨润土和地表土。

3)硫酸盐含量在2%以上的一类土。

4)未全部分解的有机质(植物残根)含量在5%以上的一类土。

5)已全部分解的处于无定形状态的有机质含量在8%以上的一类土。

(4)筑坝不宜采用的黏性土有以下几种:

1)塑性指数大于20和液限大于40%的冲积黏土。

2）膨胀土。

3）开挖、压实困难的干硬黏土。

4）冻土。

5）分散性黏土。

6）湿陷性黄土。

7）当采用以上材料时，应根据其特性采取相应的措施。

（5）土石坝的筑坝石料选择可参考以下要求：

1）粒径大于 5mm 的砾石土颗粒含量不应大于 50%，最大粒径不宜大于 150mm 或铺土厚度的 2/3，0.075mm 以下的颗粒含量不应小于 15%；填筑时不得发生粗料集中架空现象。

2）人工掺合砾石土中各种材料的掺合比例应经试验论证。

3）当采用含有可压碎的风化岩石或软岩的砾石土作筑坝料时，其级配和物理力学指标应按碾压后的级配设计。

4）料场开采的石料和风化料、砾石土均可作为坝壳料，根据材料性质，可将它们用于坝壳的不同部位。

5）采用风化石料或软岩填筑坝壳时，应按压实后的级配确定材料的物理力学指标，并考虑浸水后抗剪强度的降低、压缩性增加等不利情况；软化系数低、不能压碎成砾石土的风化石料和软岩宜填筑在干燥区。

（6）关于土石坝填筑材料设计控制指标的规定中，条文中的"压实度"要求大于 96%，分区坝的压实度不得低于 95%。设计地震烈度为 8 度及以上的地区，要求取规定的上限值。

7.3 坝基处理及坝体结构设计

7.3.1 本条是关于垃圾坝地基处理应符合相关标准的原则规定。

7.3.2 本条是关于坝基处理应满足几个基本要求的规定。

条文中的"渗流控制"包括渗透稳定和控制渗流量。当坝体周围有水入侵时应考虑水位变化对坝体稳定性的影响，进行渗流计算。计算坝体和坝基周围有水位时的渗流量，确定浸润线的位置，绘制坝体及坝基的等势线分布情况。

条文中的"允许总沉降量"是指竣工后的浆砌石坝坝顶沉降量不宜大于坝高的1%,黏土坝及土石坝坝顶沉降量不宜大于坝高的2%。对于特殊土的坝基,允许的总沉降量要求视具体情况确定。

7.3.3 本条是关于坝坡设计方案应考虑的因素及技术经济比较的原则规定。

(1)土石坝边坡坡度可参照类似坝体的施工、运行经验确定。

(2)对初步选定的坝体边坡坡度,要求根据各种作用力、坝体和坝基土料的物理力学性质、坝体结构特征及施工和运行条件,采用静力稳定计算进行验证。

(3)设计地震烈度为9度的地区,坝顶附近的上、下游坝坡宜上缓下陡,或采用加筋堆石、表面钢筋网或大块石堆筑等加固措施。

(4)当坝基抗剪强度较低,坝体不满足深层抗滑稳定要求时,宜采用在坝坡脚压戗的方法提高其稳定性。

(5)若坝基土或筑坝土石料沿坝轴线方向不相同时,要求分坝段进行稳定计算,确定相应的坝坡。当各坝段采用不同坡度的断面时,每一坝段的坝坡要求根据该坝段中最大断面来选择。坝坡不同的相邻坝段,中间要设渐变段。

7.3.4 本条是关于坝顶宽度和护面材料设计的原则规定。

(1)条文中"坝顶宽度"的设计不宜小于3m,当需要行车时,坝顶道路宜按3级厂矿道路设计,坝顶沿车道两侧要求设有路肩或人行道,为了有计划地排走地表径流,坝顶路肩上还要设置雨水沟。

(2)条文中"坝顶护面材料"要求根据当地材料情况及坝顶用途确定,宜采用密实的砂砾石、碎石、单层砌石或沥青混凝土等柔性材料。

(3)条文中"施工方式"采用机械化作业时,要求保证通过运输车辆及其他机械。

(4)条文中"安全"主要是坝顶两侧要求有安全防护设施,如沿路肩设置各种围栏设施(栏杆、墙等)。

7.3.5 本条是关于坝坡马道设计的原则规定。

（1）马道宽度要求根据用途确定，但最小宽度不宜小于1.5m。

（2）坝顶面要求向上、下游侧放坡，以利于坝面排水，坡度宜根据降雨强度，在2%～3%之间选择。

（3）根据施工交通需要，下游坝坡可设置斜马道，其坡度、宽度、转弯半径、弯道加宽和超高等要求满足施工车辆行驶要求。斜马道之间的坝坡可局部变陡，但平均坝坡要求不陡于设计坝坡。

7.3.6 本条是关于垃圾坝护坡方式设计要求的原则规定。

（1）为防止水土流失，坝表面为土、砂、砂砾石等材料时，要求进行护坡处理。

（2）为防止黏土垃圾坝坡面冻结或干裂，要求铺非黏土保护层。保护层厚度（包括坝顶护面）要求不小于该地区土层的冻结深度。

（3）土石坝可采用堆石材料中的粗颗粒料或超径石做护坡。

（4）混凝土坝可根据实际情况选择护坡方式。

（5）下游护坡材料可选择干砌石、堆石卵石或碎石、草皮或其他材料，如土工合成材料。

（6）与调节池连接的黏土坝或土石坝要求进行护坡，且护坡材料要求具有防渗功能。

（7）暂时未铺设防渗膜的分区坝可选用草皮或用临时遮盖物进行简单护坡。

7.3.7 本条是关于坝体与坝基、边坡及其他构筑物连接的设计和处理的原则规定。

（1）坝体与土质坝基及边坡的连接可参考以下要求：

1）坝断面范围内要求清除坝基与边坡上的草皮、树根、含有植物的表土、蛮石、垃圾及其他废料，并要求将清理后的坝基表面土层压实；

2）坝体断面范围内的低强度、高压缩性软土及地震时易液化的土层，要求清除或处理；

3）坝基覆盖层与下游坝体粗粒料（如堆石等）接触处，要符合反滤的要求。

（2）坝体与岩石坝基和边坡的连接可参考以下要求：

1）坝断面范围内的岩石坝基与边坡，要求清除其表面松动石块、凹处积土和突出的岩石。

2）若风化层较深时，高坝宜开挖到弱风化层上部，中、低坝可开挖到强风化层下部。要求在开挖的基础上对基岩再进行灌浆等处理。对断层、张开节理裂隙要求逐条开挖清理，并用混凝土或砂浆封堵。坝基岩面上宜设混凝土盖板、喷混凝土或喷水泥砂浆。

3）对失水很快且易风化的软岩（如页岩、泥岩等），开挖时宜预留保护层，待开始回填时，随挖除，随回填，或开挖后喷水泥砂浆或喷混凝土保护。

（3）坝体与其他构筑物的连接可参考以下要求：

1）当导排管设置沉降缝时，要做好止水，并在接缝处设反滤层；

2）坝体下游面与坝下导排管道接触处要采用反滤层包围管道；

3）坝体和库区边坡的连接处要求做成斜面，避免出现急剧的转折。在与坝体连接处，边坡表面相邻段的倾角变化要求控制在10°以内。山谷型填埋场中的边坡要逐渐向基础方向放缓。

7.3.8 本条是关于坝体防渗处理要求的基本规定。

条文中的"特殊锚固法"可采用 HDPE 嵌钉土工膜、HDPE 型锁条、机械锚固等方式进行锚固。

7.4 坝体稳定性分析

7.4.1 本条是关于垃圾坝安全稳定性分析基本要求的规定。

坝体在施工、建成、垃圾填埋作业及封场的各个时期受到的荷载不同，要求分别计算其稳定性。坝体稳定性计算的工况建议如下：

（1）施工期的上、下游坝坡；

（2）填埋作业期的上、下游坝坡；

（3）封场后的下游坝坡；

（4）填埋作业时遇地震、遇洪水的上、下游坝坡。

采用计及条块间作用力的计算方法时,坝体抗滑稳定最小安全系数不宜小于表 11 的规定。

表 11　坝体抗滑稳定最小安全系数

运用条件	坝体建筑级别		
	Ⅰ	Ⅱ	Ⅲ
施工期	1.30	1.25	1.20
填埋作业期	1.20	1.15	1.10
封场稳定期	1.25	1.20	1.15
正常运行遇地震、遇洪水	1.15	1.10	1.05

7.4.2 本条是关于坝体稳定性分析的抗剪强度计算应符合相关标准的原则规定。

8 防渗与地下水导排

8.1 一般规定

8.1.1 本条是关于填埋场必须进行防渗处理的强制性条文规定。

本条从防止填埋场对地下水、地表水的污染和防止地下水入渗填埋场两个方面提出了严格要求。

填埋场进行防渗处理可以有效阻断渗沥液进入到环境中,避免地表水与地下水的污染。此外,应防止地下水进入填埋场,地下水进入填埋场后一方面会大大增加渗沥液的产量,增大渗沥液处理量和工程投资;另一方面,地下水的顶托作用会破坏填埋场底部防渗系统。因此,填埋场必须进行防渗处理,并且在地下水位较高的场区应设置地下水导排系统。

8.1.2 本条是关于填埋场防渗处理应符合相关标准的原则规定。

8.1.3 本条是关于地下水水位的控制应符合相关标准的原则规定。

现行国家标准《生活垃圾填埋场污染控制标准》GB 16889 规定:生活垃圾填埋场填埋区基础层底部要求与地下水年最高水位保持 1m 以上的距离。当生活垃圾填埋场填埋区基础层底部与地下水年最高水位距离不足 1m 时,要求建设地下水导排系统。

地下水导排系统要求确保填埋场的运行期和后期维护与管理期内地下水水位维持在距离填埋场填埋区基础层底部 1m 以下。

8.2 防渗处理

8.2.1 本条是关于填埋场防渗系统选择及天然黏土衬里结构防渗参数要求的规定。

条文中的"天然黏土类衬里"是指天然黏土符合防渗适用条件

时,可以作为一个防渗层。该防渗层和渗沥液导流层、过滤层等一起构成一个完整的天然黏土防渗系统。压实黏土作为防渗层时的土料选择与施工质量要求应符合现行行业标准《生活垃圾卫生填埋场岩土工程技术规范》CJJ 176—2012 第 8 章的相关规定。

天然黏土衬里的防渗适用条件为：

(1)黏土渗透系数≤$1×10^{-7}$cm/s；

(2)液限(W_L)：25%～30%；

(3)塑限(W_P)：10%～15%；

(4)不大于 0.074mm 的颗粒含量：40%～50%；

(5)不大于 0.002mm 的颗粒含量：18%～25%。

条文中的"渗透系数"也称水力传导系数，是一个重要的水文地质参数，它的计算由 Darcy(达西)定律给出：

$$V = Q/A = KJ \tag{7}$$

式中：V——渗透速度(cm/s)；

Q——渗流量(cm^3/s)；

A——试验围筒的横截面积(cm^2)；

K——渗透系数(cm/s)；

J——水力坡度($H_1 - H_2/l$)；H_1、H_2 分别为坡顶、坡底高程，l 为坡顶与坡底的水平距离。

当水力坡度 $J=1$ 时，渗透系数在数值上等于渗透速度。因为水力坡度无量纲，渗透系数具有速度的量纲。即渗透系数的单位和渗透速度的单位相同，可用 cm/s 或 m/d 表示。考虑到渗透液体性质的不同，Darcy 定律有如下形式：

$$V = -k\rho g/\mu \cdot dH/dL \tag{8}$$

式中：ρ——液体的密度；

g——重力加速度；

μ——动力粘滞系数；

dH/dL——水力坡度；

k——渗透率或内在渗透率。

k 仅仅取决于岩土的性质而与液体的性质无关。渗透系数和渗透率之间的关系为：$K = k \rho g / \mu = kg / v$（$v$ 为渗流速度）。要注意到渗沥液与水的 μ 不同，渗沥液与水的渗透系数具有差异。

8.2.2 本条是关于填埋场改性黏土衬里结构防渗的技术规定。

条文中的"改性压实黏土类衬里"是指当填埋场区及其附近没有合适的黏土资源或者黏土的性能无法达到防渗要求时，将亚黏土、亚砂土等天然材料中加入添加剂进行人工改性，使其达到天然黏土衬里的等效防渗性能要求。

8.2.3 本条是关于不同人工防渗系统选择条件的原则规定。

条文所指的"双层衬里"系统宜在以下四种情况使用：

（1）国土开发密度较高、环境承载力减弱，或环境容量较小、生态环境脆弱等需要采取特别保护的地区；

（2）填埋容量超过 1000 万 m^3 或使用年限超过 30 年的填埋场；

（3）基础天然土层渗透系数大于 10^{-5} cm/s，且厚度较小、地下水位较高（距基础底小于 1m）的场址；

（4）混合型填埋场的专用独立库区，即生活垃圾焚烧飞灰和医疗废物焚烧残渣经处理后的最终处置填埋场的独立填埋库区。

8.2.4 本条是关于复合衬里防渗结构的具体要求规定。

（1）条文及结构示意图中的"地下水导流层"、"防渗及膜下保护层"、"渗沥液导流层"、"膜上保护层"及"反滤层"的功能及材料说明如下：

1）地下水导流层：及时对地下水进行导排，防止地下水水位抬高对防渗系统造成破坏。当导排的场区坡度较陡时，地下水导流层可采用土工复合排水网；地下水导流层与基础层、膜下保护层之间采用土工织物层，土工织物层起到反滤、隔离作用。

2）防渗及膜下保护层：防渗及膜下保护层的黏土渗透系数要求不大于 1×10^{-7} cm/s。复合衬里结构（HDPE 膜＋黏土）中，黏土作为防渗层，等效替代天然黏土类衬里结构防渗性能厚度可参考表 12。

表 12　复合衬里黏土与天然黏土防渗等效替代

渗透时间(年)	压实黏土层厚度(m)$(K_s = 1.0 \times 10^{-7} \text{cm/s})$	HDPE 膜＋压实黏土厚度(m)$(K_s = 1.0 \times 10^{-7} \text{cm/s})$
55	2.00	0.44
60	2.16	0.48
65	2.32	0.52
70	2.48	0.55
75	2.63	0.59
80	2.79	0.63
85	2.95	0.67
90	3.11	0.71
95	3.27	0.75
100	3.43	0.79

3)渗沥液导流层:及时将渗沥液排出,减轻对防渗层的压力。材料一般采用卵(砾)石,某些情况下也有采用土工复合排水网和砾石共同组成导流层。当导流的场区坡度较陡时,土工膜上需增加缓冲保护层,材料可以采用袋装土或旧轮胎等。

4)膜上保护层:防止 HDPE 膜受到外界影响而被破坏,如石料或垃圾对其的刺穿,应力集中造成膜破损。材料可采用土工布。

5)反滤层:防止垃圾在导流层中积聚,造成渗沥液导流系统堵塞或导流效率降低。

(2)条文中"土工布"说明如下:

1)土工布用作 HDPE 膜保护材料时,要求采用非织造土工布。规格要求不小于 600g/m^2。

2)土工布用于盲沟和渗沥液收集导流层的反滤材料时,宜采用土工滤网,规格不宜小于 200g/m^2。

3)土工布各项性能指标要求符合国家现行相关标准的要求,主要包括:现行国家标准《土工合成材料　短纤针刺非织造土工布》GB/T 17638、《土工合成材料　长丝纺粘针刺非织造土工布》

GB/T 17639、《土工合成材料　长丝机织土工布》GB/T 17640、《土工合成材料　裂膜丝机织土工布》GB/T 17641、《土工合成材料　塑料扁丝编织土工布》GB/T 17690 等。

4)土工布长久暴露时,要充分考虑其抗老化性能;土工布作为反滤材料时,要求充分考虑其防淤堵性能。

(3)条文中"土工复合排水网"说明如下:

1)土工复合排水网中土工网和土工布要求预先粘合,且粘合强度要求大于 0.17kN/m;

2)土工复合排水网的土工网要求使用 HDPE 材质,纵向抗拉强度要求大于 8kN/m,横向抗拉强度要求大于 3kN/m;

3)土工复合排水网的导水率选取要求考虑蠕变、土工布嵌入、生物淤堵、化学淤堵和化学沉淀等折减因素;

4)土工复合排水网的土工布要求符合本规范对土工布的要求;

5)土工复合排水网性能指标要求符合国家现行相关标准的要求。

(4)条文中"钠基膨润土垫"(GCL)说明如下:

1)防渗系统工程中的 GCL 要求表面平整,厚度均匀,无破洞、破边现象。针刺类产品的针刺均匀密实,不允许残留断针。

2)单位面积总质量要求不小于 4800g/m²,并要求符合国家现行标准《钠基膨润土防水毯》JG/T 193 的规定。

3)膨润土体积膨胀度不应小于 24mL/2g。

4)抗拉强度不应小于 800N/10cm。

5)抗剥强度不应小于 65N/10cm。

6)渗透系数应小于 $5.0×10^{-11}$ m/s。

7)抗静水压力 0.6MPa/h,无渗漏。

8.2.5　本条是关于单层衬里防渗结构的具体要求规定。

8.2.6　本条是关于双层衬里防渗结构的具体要求规定。

条文中的"渗沥液检测层"是透过上部防渗层的渗沥液或者气体受到下部防渗层的阻挡而在中间的排水层得到控制和收集,该层可以起到上部防渗膜是否破损渗漏的监测作用。

8.2.7 本条是关于 HDPE 土工膜的使用应符合有关标准及膜厚度选择的规定。

HDPE 膜的选择应考虑地基的沉降、垃圾的堆高及 HDPE 膜锚固时的预留量。

膜厚度的选择可参照以下要求选用：

(1)库区地下水位较深，周围无环境敏感点，且垃圾堆高小于 20m 时，可选用 1.5mm 厚 HDPE 膜。

(2)垃圾堆高介于 20m 至 50m 之间，可选用 2.0mm 厚的 HDPE 膜，同时宜进行拉力核算。

(3)垃圾堆高大于 50m 时，防渗膜厚度选择要求计算。

德国联邦环保署曾对 HDPE 土工膜对各种有机物的防渗性能进行测试，测试数据表明，随着 HDPE 土工膜厚度的增加，污染物扩散能力开始迅速下降，随后下降趋势趋于平缓。当 HDPE 土工膜的厚度为 2.0mm 时，7 种污染物质的渗透能力基本上已处于平缓下降期，再增加土工膜的厚度对渗透能力影响不大；当 HDPE 土工膜的厚度为 1.5mm 时，部分物质已处于平缓下降期，但也还有部分物质仍处于迅速下降期，有的仍处于介于前两者之间的过渡阶段。因此，在一般情况下，仅从防渗性能考虑，填埋场采用 HDPE 土工膜防渗，1.5mm 厚为可用值，2.0mm 厚为较好值，有的国家的标准以土工膜厚 1.5mm 为填埋场低限，有的国家的标准提出土工膜厚不应小于 2.0mm。

条文中未对土工膜宽度作出规定。但在防渗衬里的实际铺设工程中，对 HDPE 土工膜宽度的选择是有一定的要求。渗漏现象的发生，10% 是由于材料的性质以及被尖物刺穿、顶破，90% 是由于土工膜焊接处的渗漏，而土工膜焊接量的多少与材料的幅宽密切相关，以 5.0m 和 7.0m 宽的不同材料对比，前者需要 $(X/5-1)$ 个焊缝，后者需要 $(X/7-1)$ 个焊缝（X 表示幅宽），前者的焊缝数量超过后者数量近 30%，意味着渗漏可能性增加近 30%。建议宜选用宽幅的 HDPE 土工膜。

8.2.8 本条是关于对穿过 HDPE 土工膜的各种管线接口处理的基本规定。

穿管和竖井的防渗要求：

(1)接触垃圾的穿管管外宜采用 HDPE 膜包裹。

(2)穿管与防渗膜边界刚性连接时,宜采用混凝土锚固块作为连接基座,混凝土锚固块建在连接管上,管及膜固定在混凝土内。

(3)穿管与防渗膜边界弹性连接时,穿管要求不得直接焊接在 HDPE 防渗膜上。

(4)置于 HDPE 防渗膜上的竖井(如渗沥液提升竖井、检修竖井等),井底和 HDPE 膜之间要求设置衬里层。

8.2.9 本条是关于锚固平台设置的基本规定。

锚固平台的设置要求是参考国内外实际工程的经验,平台高差大于 10m、边坡坡度大于 1∶1 时,对于边坡黏土层施工和防渗层的铺设都较困难。当边坡坡度大于 1∶1 时,宜采用其他铺设和特殊锚固方式。

8.2.10 本条是关于防渗材料基本锚固方式和特殊锚固方式的规定。

条文规定的几种锚固方式的施工方法如表 13 所示。

表 13　常见锚固方式的施工方法

锚固方式	施 工 方 法
矩形锚固	在锚固平台一侧开挖一矩形的槽,然后将膜拉过护道并铺入槽中,填土覆盖。比较而言,矩形槽锚固方法安全更好,应用较多
水平锚固	将膜拉到护道上,然后用土覆盖。这种方法通常不够牢固
"V"形槽锚固	锚固平台一侧开挖"V"字形槽,然后将膜拉过护道并铺入槽中,填土覆盖。这种方法对开挖空间要求略大

8.2.11 本条是关于锚固沟设计的基本规定。

8.2.12 本条是关于黏土作为膜下保护层时处理要求的基本规定。

根据对国内外填埋场现场调查情况分析结果,填埋场膜下保护层黏土中砾石形状和尺寸大小对土工膜的安全使用至关重要,一般要求尽可能不含有尖锐砾石和粒径大于 5mm 的砾石,否则需要增加土工膜下保护措施；压实度要求主要是考虑到库底在垃圾填埋堆高条件下其变形在允许范围，减少土工膜的变形，避免渗沥液、地下水导流系统的破坏。

8.3 地下水导排

8.3.1 本条是关于地下水收集导排系统设置条件的基本规定。

8.3.2 本条是关于地下水水量计算应考虑的因素和分不同情况计算的基本规定。

地下水水量的计算要求区分四种情况：填埋库区远离含水层边界，填埋库区边缘降水，填埋库区位于两地表水体之间，填埋库区靠近隔水边界。计算方法可参照现行行业标准《建筑基坑支护技术规程》JGJ 120—2012 中附录 E。

8.3.3 本条是关于地下水导排几种基本方式选择的原则规定。

对于山谷型填埋场，外来汇水易通过边坡浸入库底影响防渗系统功能，也要求设置地下水导排。

8.3.4 本条是关于地下水导排系统设计原则和收集管管径的规定。

地下水收集导排系统设计要求参考如下：

（1）地下水导流层宜采用卵（砾）石等石料，厚度不应小于30cm，粒径宜为20mm～50mm，石料上应铺设非织造土工布，规格不宜小于200g/m²。

（2）地下水导流盲沟布置可参照渗沥液导排盲沟布置，可采用直线型（干管）或树枝型（干管和支管）。

8.3.5 本条是关于选择垂直防渗帷幕进行地下水导排的地质条件及渗透系数的规定。

（1）垂直防渗帷幕底部要求深入相对不透水层不小于2m；若相对不透水层较深，可根据渗流分析并结合类似工程确定垂直防渗帷幕的深度。

（2）当采用多排灌浆帷幕时，灌浆的孔和排距应通过灌浆试验确定。

（3）当采用混凝土或水泥砂浆灌浆帷幕时，厚度不宜小于400mm。当采用 HDPE 膜复合帷幕时，总厚度可根据成槽设备最小宽度设计，其中 HDPE 膜厚度不应小于 2mm。

（4）垂直防渗除用于地下水导排外，还可用于老填埋场扩建和封场的防渗整治工程，也可用于离水库、湖泊、江河等大型水域较近的填埋场，防止雨季水域漫出对填埋场产生破坏及填埋场对水域的污染。

9 防洪与雨污分流系统

9.1 填埋场防洪系统

9.1.1 本条是关于填埋场防洪系统设计应符合相关标准及防洪水位标准的基本规定。

9.1.2 本条是关于填埋场防洪系统包括的主要构筑物以及洪水流量计算的规定。

填埋场防洪系统要求根据填埋场的降雨量、汇水面积、地形条件等因素选择适合的防洪构筑物,以有效地达到填埋场防洪目的。

不同类型填埋场截洪坝的设置原则为:

(1)平原型填埋场根据地形、地质条件可在四周设置截洪坝;

(2)山谷型填埋场依据地形、地质条件可在库区上游和沿山坡设置截洪坝;

(3)坡地型填埋场根据地形、地质条件可在地表径流汇集处设置截洪坝。

条文中的"集水池"是指在雨水汇集处设置的用于收集雨水的构筑物。

条文中的"洪水提升泵"是指将库区雨水抽排至截洪沟或其他防洪系统构筑物的排水设施,其选用要求满足现行国家标准《泵站设计规范》GB/T 50265 的相关要求。

条文中的"涵管"是指上游雨水不能直接导排时设置的位于库底并穿过下游坝的设施,穿坝涵管设计流速的规定要求不大于10m/s。

条文中关于"洪水流量可采用小流域经验公式计算",要求先查询当地洪水水文资料和经验公式,然后选择合理的计算方法进行设计计算。

（1）填埋场库区外汇水区域小于 $10km^2$ 或填埋场建设区域水文气象资料缺乏，可用公路岩土所经验公式（9）计算洪水流量。

$$Q_p = KF^n \tag{9}$$

式中：Q_p——设计频率下的洪峰流量（m^3/s）；

  K——径流模数，可根据表14进行取值；

  F——流域的汇水面积（km^2）；

  n——面积参数，当 $F<1km^2$ 时，$n=1$；当 $F>1km^2$ 时，可按照表15进行取值。

表14　径流模数 K 值

重现期(年)	华北	东北	东南沿海	西南	华中	黄土高原
2	8.1	8.0	11.0	9.0	10.0	5.5
5	13.0	11.5	15.0	12.0	14.0	6.0
10	16.5	13.5	18.0	14.0	17.0	7.5
15	18.0	14.6	19.5	14.5	18.0	7.7
25	19.5	15.8	22.0	16.0	19.6	8.5

注：重现期为50年时，可用25年的 K 值乘以1.20。

表15　面积参数 n 值

地区	华北	东北	东南沿海	西南	华中	黄土高原
n	0.75	0.85	0.75	0.85	0.75	0.80

（2）填埋场建设区域水文气象资料较为完整时，要求采用暴雨强度公式（10）计算洪水流量。

$$Q = q\Psi F \tag{10}$$

式中：Q——雨水设计流量（L/s）；

  q——设计暴雨强度，$[L/(s \cdot hm^2)]$，可查询当地暴雨强度公式；

  Ψ——径流系数，可根据表16取值；

  F——汇流面积（hm^2）。

表 16　径流系数 ψ 值

地 面 种 类	Ψ
级配碎石路面	0.40～0.50
干砌砖石和碎石路面	0.35～0.45
非铺砌土地面	0.25～0.35
绿地	0.10～0.20

在进行填埋场治涝设计时,宜根据地形、地质条件进行,并宜充分利用现有河、湖、洼地、沟渠等排水、滞水水域。

9.1.3　本条是关于截洪沟设置的原则规定。

(1)环库截洪沟截洪流量要求包括库区上游汇水以及封场后库区径流。

(2)截洪沟与环库道路合建时,宜设置在靠近垃圾堆体一侧,Ⅰ级填埋场和山谷型填埋场环库道路内、外两侧均宜设置截洪沟。

(3)截洪沟的断面尺寸要求根据各段截洪量的大小和截洪沟的坡度等因素计算确定,断面形式可采用梯形断面、矩形断面、U 形断面等。

(4)当截洪沟纵坡较大时,要求采用跌水或陡坡设计,以防止渠道冲刷。

(5)截洪沟出水口可根据场区外地形、受纳水体或沟渠位置等确定。出水口宜采用八字出水口,并采取防冲刷、消能、加固等措施。

(6)截洪沟修砌材料要求根据场区地质条件来选择。

9.1.4　本条是关于填埋场截留的洪水外排的基本规定。

9.2　填埋库区雨污分流系统

9.2.1　本条是关于填埋库区雨污分流基本要求和设计时应依据条件的规定。

9.2.2　本条是关于填埋库区分区设计的基本规定。

（1）条文中"各分区应根据使用顺序不同铺设雨污分流导排管"的要求：

1）上游分区先使用时，导排盲沟途经下游分区段要求采用穿孔管与实壁管分别导流上游分区渗沥液与下游分区雨水。

2）下游分区先使用时，上游库区雨水宜采用实壁管导至下游截洪沟。

（2）库区分区要求考虑与分区进场道路的衔接设计，永久性道路及临时性道路的布置要求能满足分区建设和作业的需求。

（3）使用年限较长的分区，宜进一步划分作业分区实现雨污分流。作业分区可根据一定时间填埋量（如周填埋量、月填埋量）划分填埋作业区，各作业区之间宜采用沙袋堤或小土坝隔开。

9.2.3　本条是关于填埋作业过程中雨污分流措施的规定。

（1）条文中"宜进一步划分作业分区"可根据一定时间填埋量（如周填埋量、月填埋量）划分填埋作业区，各作业区之间宜采用沙袋堤或小土坝隔开。

（2）填埋日作业完成之后，宜采用厚度不小于 0.5mm 的 HDPE 膜或线型低密度聚乙烯膜（LLDPE）进行日覆盖作业，覆盖材料宜按一定的坡度进行铺设，雨水汇集后可通过泵抽排至截洪沟等排水设施。

（3）每一作业区完成阶段性高度后，暂时不在其上继续进行填埋时，要求进行中间覆盖。覆盖层厚度应根据覆盖材料确定。采用 HDPE 膜或线型低密度聚乙烯膜（LLDPE）覆盖时，膜的厚度宜为 0.75mm。覆盖材料宜按一定的坡度进行铺设，以方便表面雨水导排。雨水汇集后可排入临时截洪沟或通过泵抽排至截洪沟等排水设施。

（4）未作业分区的雨水可通过管道导排或泵抽排的方法排入截洪沟等排水设施。

9.2.4　本条是关于封场后的雨水导排方式的规定。

条文中的"排水沟"是设置在封场表面,用来导排封场后表面雨水的设施。排水沟一般根据封场堆体来设置,排水沟断面和坡度要求依据汇水面积和暴雨强度确定。排水沟宜与马道平台一起修筑。不同标高的雨水收集沟连通到填埋场四周的截洪沟。

10 渗沥液收集与处理

10.1 一 般 规 定

10.1.1 本条是关于渗沥液必须设置渗沥液收集系统和有效的渗沥液处理措施的强制性条文。

条文中的"有效的渗沥液收集系统"是指垃圾渗沥液产生后会在填埋库区聚集,如果不能及时有效地导排,渗沥液水位升高会对堆体中的填埋物形成浸泡,影响垃圾堆体的稳定性与堆体稳定化进程,甚至会形成渗沥液外渗造成污染事故。渗沥液收集系统必须能够有效地收集堆体产生的渗沥液并将其导出库区。

为了检查渗沥液收集系统是否有效,应监测堆体中渗沥液水位是否正常;为了检查渗沥液处理系统是否有效,应由环保部门或填埋场运行主管单位监测系统出水是否达标。

10.1.2 本条是关于渗沥液处理设施应符合有关标准的原则规定。

10.2 渗沥液水质与水量

10.2.1 本条是关于渗沥液水质参数的设计值应考虑填埋场不同场龄渗沥液水质差异的原则规定。渗沥液的污染物成分和浓度变化很大,取决于填埋物的种类、性质、填埋方式、污染物的溶出速度和化学作用、降雨状况、填埋场场龄以及填埋场结构等,但主要取决于填埋场场龄和填埋场设计构造。

一般认为四、五年以下为初期填埋场,填埋场处于产酸阶段,渗沥液中含有高浓度有机酸,此时生化需氧量(BOD)、总有机碳(TOC)、营养物和重金属的含量均很高、NH_3-N 浓度相对较低,但可生化性较好,且 C/N 比协调,相对而言,此阶段的渗沥液较易处理。

五年至十年为成熟填埋场,随着时间的推延,填埋场处于产甲烷阶段,COD 和 BOD 浓度均显著下降,但 BOD/COD 比下降更为明显,可生化性变差,而 NH_3-N 浓度则上升,C/N 比相对而言不甚理想,此一时期的垃圾渗沥液较难处理。

十年以上为老龄填埋场,此时 COD、BOD 均下降到了一个较低的水平,BOD/COD 比处于较低的水平,NH_3-N 浓度会有所下降,但下降幅度明显小于 COD、BOD 下降幅度,C/N 比处于不协调,虽然此阶段污染程度显著减轻,但远远达不到直接排放的要求,并且较难处理。

10.2.2 本条是关于新建填埋场的渗沥液水质参数设计取值范围的规定。

10.2.3 本条是关于改造、扩建填埋场的渗沥液水质参数设计取值的原则规定。

10.2.4 本条是关于渗沥液产生量计算方法的规定。

渗沥液产生量也可采用水量平衡法、模型法等进行计算,此时宜采用经验公式法或参照同类型的垃圾填埋场实际渗沥液产生量进行校核。

10.2.5 本条是关于渗沥液产生量计算用于渗沥液处理、渗沥液导排及调节池容量时的不同取值规定。

10.3 渗沥液收集

10.3.1 本条是关于渗沥液导流系统设施组成的规定。

条文中"渗沥液收集系统"可根据实际情况进行适当简化,如结合地形设置台自流系统,可不设置泵房。

10.3.2 本条是关于导流层设计要求的规定。

规定"导流层与垃圾层之间应铺设反滤层"是为防止小颗粒物堵塞收集管。

边坡导流层的"土工复合排水网"下部要求与库区底部渗沥液导流层相连接,以保证渗沥液导排至渗沥液导排盲沟。

10.3.3 本条是关于盲沟设计要求的规定。

条文中对于石料的选择,规定原则上"宜采用砾石、卵石或碎石"。由于各地情况不同,对于卵石和砾石量严重不足的地区,可考虑采用碎石,但需要增加对土工膜保护的设计。

规定 $CaCO_3$ 含量是考虑到渗沥液对 $CaCO_3$ 有溶解性,从而可能导致导流层堵塞。导渗层石料的 $CaCO_3$ 含量是参考英国的垃圾填埋标准和美国几个州的垃圾填埋标准而提出的。

规定收集管的最小管径要求主要是考虑防止堵塞和疏通的可能。

关于导渗管的"开孔率",英国标准规定开孔率应小于 $0.01m^2/m$,主要是保证环刚度要求。

根据国外实际工程的经验,在导流层管路系统的适当位置(如首、末端等)宜设置清冲洗口,以保证导流系统的长期正常运行。但国内在此方面实际使用的案例较少,在部分中外合作项目中已有设计,尚处于探索阶段。

条文中对盲沟平面布置的选择,规定宜以鱼刺状盲沟、网状盲沟为主要的盲沟平面布置形式,特殊工况条件时可采用特殊布置形式。鱼刺状盲沟布置形式中,次盲沟宜按照 30m~50m 的间距分布,次盲沟与主盲沟的夹角宜采用 15° 的倍数(如 60°)。

梯形盲沟最小底宽可参考表 17 选取。

表 17　梯形盲沟底最小宽度

管径 DN(mm)	盲沟最小底宽 B(mm)
$200 < DN \leqslant 315$	D(外径)+400
$400 < DN \leqslant 1000$	D(外径)+600

收集管管径选择可根据管径计算结果并结合表 18 确定。

表 18　填埋场用 HDPE 管径规格表

	公称外径 D_n(mm)							
规格	250	280	315	355	400	450	500	560	630

10.3.4 本条是关于导气井可兼作渗沥液竖向收集井的规定。

导气井收集渗沥液时,其底部要求深入场底导流层中并与渗沥液收集管网相通。以形成立体的收集导排系统。

10.3.5 本条是关于集液井(池)设置的原则规定。

可根据实际分区情况分别设置集液井(池)汇集渗沥液,再排入调节池。条文中"宜设在填埋库区外部"的原因是当集液井(池)设置在填埋库区外部时构造较为简单,施工较为方便,同时也利于维修、疏通管道。

对于设置在垃圾坝外侧(即填埋库区外部)的集液井(池),渗沥液导排管穿过垃圾坝后,将渗沥液汇集至集液井(池)内,然后通过自流或提升系统将渗沥液导排至调节池。

根据实际情况,集液井(池)在用于渗沥液导排时也可位于垃圾坝内侧的最低洼处,此时要求以砾石堆填以支撑上覆填埋物、覆盖封场系统等荷载。渗沥液汇集到此并通过提升系统越过垃圾主坝进入调节池。此时提升系统中的提升管宜采取斜管的形式,以减少垃圾堆体沉降带来的负摩擦力。斜管通常采用 HDPE 管,半圆开孔,典型尺寸是 $DN800$,以利于将潜水泵从管道放入集液井(池),在泵维修或发生故障时可以将泵拉上来。

10.3.6 本条是关于调节池容积计算及结构设计要求的规定。

条文中"土工膜防渗结构"适用于有天然洼地势,容积较大的调节池;条文中的"钢筋混凝土结构"适用于无天然低地势,地下水位较高等情况。

条文中设置"覆盖系统"是为了避免臭气外逸。覆盖系统包括液面浮盖膜、气体收集排放设施、重力压管以及周边锚固等。调节池覆盖膜宜采用厚度不小于 1.5mm 的 HDPE 膜;气体收集管宜采用环状带孔 HDPE 花管,可靠固定于池顶周边;重力压管内需要充填实物以增加膜表面重量。覆盖系统周边锚固要求与调节池防渗结构层的周边锚固沟相连接。

10.3.7 本条是关于填埋堆体内部水位控制的规定。

(1)填埋堆体内渗沥液水位监测除应符合《生活垃圾卫生填埋场岩土工程技术规范》CJJ 176 外,还应符合下列要求:

1)渗沥液水位监测内容包括渗沥液导排层水头、填埋堆体主水位及滞水位。

2)渗沥液导排层水头监测宜在导排层埋设水平水位管,可采用剖面沉降仪与水位计联合测定。

3)填埋堆体主水位及滞水位监测宜埋设竖向水位管采用水位计测量;当堆体内存在滞水位时,宜埋设分层竖向水位管,采用水位计测量主水位和滞水位。

4)水平水位管布点宜在每个排水单元中的渗沥液收集主管附近和距离渗沥液收集管最远处各布置一个监测点。

5)竖向水位管和分层竖向水位管布点要求沿垃圾堆体边坡走向分散布置监测点,平面间距 20m～40m,底部距离衬垫层不应小于 5m,总数不宜少于 2 个;分层竖向水位管底部宜埋至隔水层上方,各支管之间应密闭隔绝。

6)填埋堆体水位监测频次宜为 1 次/月,遇暴雨等恶劣天气或其他紧急情况时,要求提高监测频次;渗沥液导排层水头监测频次宜为 1 次/月。

(2)降低水位措施主要有以下几点:

1)对于堆体边界高程以上的堆体内部积水宜设置水平导排盲沟自流导出,对于堆体边界高程以下的堆体积水可采用小口径竖井抽排。

2)竖井宜选择在堆体较稳定区域开挖,开挖后可采用 HDPE 花管作为导排管。

3)降水导排井及竖井的穿管与封场覆盖要求密封衔接。封场防渗层为土工膜时,穿管与防渗膜边界宜采用弹性连接。

4)填埋作业时可增设中间导排盲沟。

10.4 渗沥液处理

10.4.1 本条是关于渗沥液处理后排放标准应符合有关标准的原则规定。

现行国家标准《生活垃圾填埋场污染控制标准》GB 16889 要求生活垃圾填埋场应设置污水处理装置,生活垃圾渗沥液经处理并符合此标准规定的污染物排放控制要求后,可直接排放。现有和新建生活垃圾填埋场自 2008 年 7 月 1 日起执行该标准表 2 规定的水污染物排放浓度限值。

10.4.2　本条是关于渗沥液处理工艺选择应考虑因素的原则规定。

10.4.3　本条是关于宜采用的几种渗沥液处理工艺组合的规定。

　　各种组合形式及其适用范围可参考表 19。

表 19　渗沥液处理工艺组合形式

组　合　工　艺	适　用　范　围
预处理＋生物处理＋深度处理	处理填埋各时期渗沥液
预处理＋物化处理	处理填埋中后期渗沥液 处理氨氮浓度及重金属含量高、无机杂质多,可生化性较差的渗沥液 处理规模较小的渗沥液
生物处理＋深度处理	处理填埋初期渗沥液 处理可生化性较好的渗沥液

10.4.4　本条是关于渗沥液预处理宜采用的几种单元工艺的规定。

　　预处理的处理对象主要是难处理有机物、氨氮、重金属、无机杂质等。除可采用条文中规定的水解酸化、混凝沉淀、砂滤等方法外,还可采用过去作为主处理的升流式厌氧污泥床(UASB)工艺来强化预处理。

10.4.5　本条是关于渗沥液生物处理宜采用的工艺的规定。

　　生物处理的处理对象主要是可生物降解有机污染物、氮、磷等。

　　膜生物反应器(MBR)在一般情况下宜采用 A/O 工艺,基本工艺流程可参考图 1。

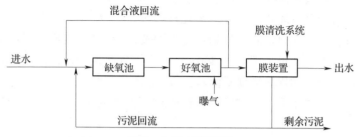

图 1　A/O 工艺流程

当需要强化脱氮处理时,膜生物反应器宜采用 A/O/A/O
工艺。

10.4.6　本条是关于渗沥液深度处理宜采用的工艺的规定。

深度处理的对象主要是难以生物降解的有机物、溶解物、悬浮
物及胶体等。可采用膜处理、吸附、高级化学氧化等方法。其中膜
处理主要采用反渗透(RO)或碟管式反渗透(DTRO)及其与纳滤
(NF)组合等方法,吸附主要采用活性炭吸附等方法,高级化学氧
化主要采用 Fenton 高级氧化+生物处理等方法。深度处理宜以
膜处理为主。

当采用"预处理+生物处理+深度处理"的工艺流程时,可参
考图 2 的典型工艺流程设计。

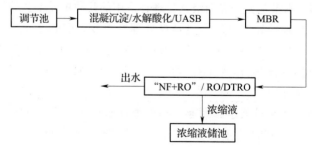

图 2　"预处理+生物处理+深度处理"典型流程

10.4.7　本条是关于渗沥液物化处理宜采用的工艺的规定。

物化处理的对象截留所有污染物至浓缩液中。目前较多采用

两级碟管式反渗透(DTRO),近几年也出现了蒸发浓缩法(MVC)＋离子交换树脂(DI)组合的物化工艺。

当采用"预处理＋物化处理"的组合工艺时,可参考图3的典型工艺流程设计。

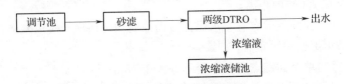

图3 "预处理＋深度处理"典型工艺流程

10.4.8 本条是关于几种主要渗沥液处理工艺单元设计参数要求的规定。

几种主要工艺单元对渗沥液的处理效果可参考表20。

表20 各种渗沥液单元处理工艺处理效果

处理工艺	平均去除率(%)				
	COD	BOD	TN	SS	浊度
水解酸化	＜20	＜20*	—	—	＞40
混凝沉淀	40～60	—	＜30	＞80	＞80
氨吹脱	＜30	—	＞80	—	30～40
UASB	50～70	＞60	—	60～80	—
MBR	＞85	＞80	＞80	＞99	40～60
NF	60～80	＞80	＜10	＞99	＞99
RO	＞90	＞90	＞85	＞99	＞99
DTRO	＞90	＞90	＞90	＞99	＞99

注:＊表示水解酸化处理渗沥液后,BOD值有可能增加。

10.4.9 本条是关于渗沥液处理过程中产生的污泥处理的原则规定。

10.4.10 本条是关于渗沥液处理过程中产生的浓缩液处理的原则规定。

浓缩液回灌可采用垂直回灌、水平回灌或垂直与水平相结合的回灌形式。渗沥液回灌设计可参考以下要求：

(1)回灌浓缩液所需的垃圾堆体高度不宜小于10m,在垃圾堆体高度不足10m而高于5m时,回灌点距离渗沥液收集管出口宜至少有100m的距离;

(2)回灌点的布置要求保证渗沥液能均匀回灌于垃圾堆体,并宜每年更换一次布点;

(3)单个回灌点服务半径不宜大于15m;

(4)回灌水力负荷宜为$20L/(d \cdot m^2) \sim 40L/(d \cdot m^2)$;

(5)配水宜采用连续配水或间歇配水,间歇配水宜根据浓缩液水质、试验数据确定具体的配水次数。

浓缩液蒸发处理可采用浸没燃烧蒸发、热泵蒸发、闪蒸蒸发、强制循环蒸发、碟管式纳滤(DTNF)与DTRO的改进型蒸发等处理方法,这些工艺费用较高、设备维护较困难,有条件的地区可采用。

11 填埋气体导排与利用

11.1 一般规定

11.1.1 本条是关于填埋场必须设置有效的填埋气体导排设施的强制性条文。

填埋气体中是含有甲烷等成分的易燃易爆气体,如不采取有效导排设施,大量填埋气体会在垃圾堆体中聚集并随意迁移。填埋作业过程中,局部高浓度的填埋气体可能造成作业人员窒息;如遇明火或闷烧垃圾,则更会有爆炸危险。填埋气体也可能自然迁移至填埋场周边建筑,引发火灾或爆炸。因此填埋场必须设置有效的填埋气体导排设施,将填埋气体集中导排,降低填埋场火灾和爆炸风险;有条件则可加以利用或集中燃烧,亦可减少温室气体排放。

11.1.2 本条是关于填埋场设置填埋气体利用设施条件的规定。

填埋场具有较大的填埋规模和厚度时,填埋气体产生量较大,具有一定的利用价值并能有效减少温室气体排放。

11.1.3 本条是关于不具备填埋气体利用条件的填埋场宜有效减少甲烷产生量的原则规定。

11.1.4 本条是关于老填埋场应设置有效的填埋气体导排和处理设施的原则规定。

根据有关调查情况显示,许多中小城市的旧填埋场没有设置填埋气体导排设施。要求结合封场工程采取竖井(管)等措施进行填埋气体导排和处理,避免填埋气体的安全隐患。

11.1.5 本条是关于填埋气体导排和利用设施应符合有关标准的规定。

11.2 填埋气体产生量

11.2.1 本条是关于填埋气体产气量估算的规定。

填埋气体产气量估算要求根据国家现行标准《生活垃圾填埋场填埋气体收集处理及利用工程技术规范》CJJ 133 规定的 Scholl Canyon 模型,该模型是美国环保局制定的城市固体废弃物填埋场标准背景文件所用的模型。在估算填埋气体产气量前,要对填埋场的具体特征进行分析,选择合适的推荐值或采用实际测量值计算,以保证产气估算模型中参数选择的合理性。

11.2.2 本条是关于清洁发展机制(CDM)项目填埋气体产气量计算的规定。

对于为推广填埋气体回收利用的国际甲烷市场合作计划,其所产生的某些特殊项目宜根据项目要求选择国际普遍认可的填埋气体产气量计算方法。联合国政府间气候变化专门委员会(IPCC)提供的计算模型作为目前国际普遍认可的计算模型,已被普遍应用于国际甲烷市场合作项目中。对于《京都议定书》第 12 条确定的清洁发展机制(CDM)项目,宜采用经联合国气候变化框架公约执行理事会(UNFCCC,EB)批准的 ACM0001 垃圾填埋气体项目方法学工具"垃圾处置场所甲烷排放计算工具"进行产气量估算;当要估算较大范围的产气量,如一个地区或城市的产气量时,宜采用 IPCC 缺省模型进行产气量估算。IPCC 缺省模型多用于填埋气体减排量及气体利用规模的估算。

11.2.3 本条是填埋场气体收集率估算的规定。

(1)填埋气收集率计算见式(11):

$$收集率 = (85\% - X_1 - X_2 - X_3 - X_4 - X_5 - X_6 - X_7) \times 面积覆盖因子 \tag{11}$$

式中:$X_1 \sim X_7$——根据填埋场建设和运行特征所确定的折扣率(%);

面积覆盖因子——由填埋气体系统区域覆盖面积百分率决定。

(2)填埋气体收集折扣率取值可见表21。

表 21　填埋气体收集折扣率取值表

序号	问　　题	折扣率 $Xi(\%)$	
		是	否
1	填埋场填埋的垃圾是否定期进行适当的压实	0	2～4
2	填埋场是否有集中的垃圾倾倒区域	0	4～8
3	填埋场边坡是否有渗沥液渗漏，或填埋场表面是否有水坑/渗沥液坑	10～40	0
4	垃圾平均深度是否有 10m 或以上	0	6～10
5	新填埋的垃圾是否每日或每周进行覆盖	0	6～10
6	已填埋至中期或最终高度的区域是否进行了中期/最终覆盖	0	4～6
7	填埋场是否有铺设土工布或黏土的防渗层	0	3～5

(3)面积覆盖因子(表22)可通过填埋气系统区域覆盖率确定。

表 22　面积覆盖因子取值表

填埋气系统区域覆盖率	面积覆盖因子
80%～100%	0.95
60%～80%	0.75
40%～60%	0.55
20%～40%	0.35
<20%	0.15

11.3　填埋气体导排

11.3.1　本条是关于填埋气体导排设施选用的基本规定。

11.3.2　本条是关于导气井设计和技术要求的规定。

(1)导气井要求根据垃圾填埋堆体形状、影响半径等因素合理布置，使全场井式排气道作用范围完全覆盖填埋库区。

（2）新建垃圾填埋场,宜从填埋场使用初期采用随垃圾填埋高度的升高而升高的方式设置井式排气道;对于无气体导排设施的在用或停用填埋场,要求采用垃圾填埋单元封闭后钻孔下管的方式设置导气井。

（3）填埋作业在垃圾堆体加高过程中,要求及时增高井式排气道高度,确保井内管道位置固定、连接密闭顺畅,避免填埋作业机械对填埋气体收集系统产生损坏。

11.3.3 本条是关于超过一定的填埋库容和填埋厚度的填埋场应设置主动导气设施的规定。

条文中的"主动导气"是指通过布置输气管道及气体抽取设备,及时抽取场内的填埋气体并导入气体燃烧装置或气体利用设备的一种气体导排方式,见示意图 4。

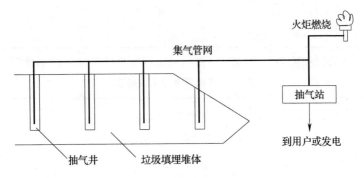

图 4 主动导气示意图

11.3.4 本条是关于导气盲沟的基本规定。

（1）导气盲沟宜在垃圾填埋到一定高度后进行铺设,并与竖井布置相互协调。

（2）导气盲沟可采用在垃圾堆体上挖掘沟道的方式设置,也可采用铺设金属条框或金属网状篮的方式设置。

（3）主动导排导气盲沟外穿垃圾堆体处要求采用膨润土或黏土等低渗透性材料密封,密封厚度宜为 3m～5m。

（4）为保证工作人员安全,被动导排的导气盲沟中排放管的排放口要求高于垃圾堆体表面 2m 以上。

11.3.5 本条是关于填埋气体导排设施的设计应考虑垃圾堆体沉降变化影响的规定。

11.4 填埋气体输送

11.4.1 本条是关于填埋气体输气管道布置与敷设的规定。

条文中的"集气单元"是指将临近的导气井或导气盲沟阀门集中布置在集气站内,便于对导气井或导气盲沟的调节、监测和控制。输气管道设计要求留有允许材料热胀冷缩的伸缩余地,管道固定要求设置缓冲区,保证收集井与输气管道之间连接的密封性,避免造成管道破坏和填埋气体泄露。在保证安全运行的条件下,输气管道设置要求优化路线,尽量缩短输气线路,减少管道材料用量和气体阻力,降低投资和运行成本。

11.4.2 本条是关于填埋气体流量调节与控制要求的规定。

在填埋气体输送到抽气站的输气系统中,可通过调节阀控制填埋气体的压力和流量,实现安全输送。

每个导气井或导气盲沟的连接管上都要求设置填埋气体监测装置及调节阀。调节阀要求布置在易于操作的位置,并根据填埋气体的流量和压力调整阀门开度。竖井数量较多时宜设置集气站,对同一区域的多个导气井集中调节和控制,也可在系统检修和扩建时将井群的不同部位隔离开来。调节阀的设置要求符合现行行业标准《生活垃圾填埋场填埋气体收集处理及利用工程技术规范》CJJ 133 的有关规定。

11.4.3 本条是关于抽气系统设计要求的规定。

填埋气体主动导排系统的抽气流量要求能随填埋气体产生速率的变化而调节,以防止产气量不足时过抽或产气量充足时气体不能抽出而扩散到大气中的情况发生。

条文中的"抽气系统应具有填埋气体含量及流量的监测和控制功能"是指抽气系统对填埋气体中甲烷及氧气浓度进行监测,填埋气体氧气含量和甲烷含量是抽气系统和处理利用系统安全运行和控制的重要参数,需要时时监测。当气体中氧气含量高时,说明空气进入了填埋气体,应该降低抽气设备转速,当氧气含量达到设定的警戒线时,要立即停止抽气。填埋气体抽气设备的选择要求符合现行国家标准《生活垃圾填埋场填埋气体收集处理及利用工程技术规范》CJJ 133 的有关规定。

11.4.4 本条是关于填埋气体输气管道设计要求的基本规定。

条文第2款对材料选择提出了要求。由于填埋气体含有一些酸性气体,对金属有较大的腐蚀性,因此要求气体收集管道耐腐蚀。由于垃圾堆体易发生不均匀沉降,因此要求管道伸缩性强、具有良好的机械性能和气密性能。输气管道可选用 HDPE 管、PVC 管、钢管及铸铁管等,管道材料特性比较可见表23。

表 23　输气管道材料特性比较表

材料	HDPE 管	PVC 管	钢管	铸铁管
抗压强度	较弱	较强	强	较强
伸缩性	强	较差	差	差
耐腐蚀性	强	较强	较差	较强
防火性	差	差	好	较好
气密性	好	好	好	较差
投资费用	高	较低	较高	较低
安装难度	较难	易	易	较难

填埋库区输气管道宜选用伸缩性好的 HDPE 软管,场外输气管道要求选用防火性能好、耐腐蚀的金属管道,抽气等动载荷较大的部位不宜采用铸铁管等材质较脆的管道。

11.4.5 本条是关于输气管道中冷凝液排放的基本规定。

本条要求输气管道设计时要求保证一定的坡度并要求设置冷凝液排放装置。填埋气体冷凝液汇集于气体收集系统中的低凹点,会切断传至抽气井的真空,损害系统的运转。输气管道设置不小于1%的坡度以使冷凝液在重力作用下被收集并通过冷凝液排放装置排出,以减小因不均匀沉降造成的阻塞。输气管道运行时要定期检查维护,清除积水、杂物,防止冷凝液堵塞,确保完好通畅。

条文第 4 款对冷凝液处理提出了要求,冷凝液属于污染物,其处置和排放都要求严格控制。从排放阀排出的冷凝液要及时将其抽出或排走,可回喷到垃圾堆体中。

可设置冷凝液收集井收集冷凝液,收集井可根据冷凝液排放阀的位置进行设置。当设置冷凝液收集井时,可采取防冻措施,以防止冷凝液在结冰情况下不能被收集和贮存。

11.5 填埋气体利用

11.5.1 本条是关于填埋气体利用和燃烧系统统筹设计要求的规定。

当填埋气体回收利用时,要求协调控制火炬燃烧设备和气体利用系统的填埋气体流量。在填埋气体产气量基本稳定并达到利用要求的条件下,宜首先满足气体利用系统稳定运行的用气量要求。当填埋气体利用系统正常工作时,要停止火炬运行或低负荷运行消耗剩余气量,以实现填埋气体的充分利用。当填埋气体利用系统停止运行且气体不进行临时储存时,要加大火炬负荷,直至满负荷运行,以减少填埋气体对空排放。

11.5.2 本条是关于填埋气体利用方式和规模选择要求的原则规定。

在选择填埋气体利用方式时,要求考虑不同利用方式的特点和适用条件。填埋气体利用方式和规模要根据气体收集量、经济性、周边能源需求、能源转换技术的可靠成熟性、未来能源发展等,经过技术经济比较确定后优先选择效率高的利用方式,保证较高的填埋气体利用率。填埋气体利用方式和规模的选择要求符合国家现行标准《生活垃圾填埋场填埋气体收集处理及利用工程技术规范》CJJ 133 的有关规定。

填埋气体利用可选择燃烧发电,用作燃气(本地燃气或城镇燃气)、压缩燃料等方式。填埋气体利用系统中可配置储气罐进行临时储气,储气罐容积宜为日供气量的 50%～60%。

填埋气体利用选择可参考以下要求:

(1)填埋气体用作燃烧发电、锅炉燃料、城镇燃气和压缩燃料(压缩天热气、汽车燃料等)时,填埋场的垃圾总填埋量宜大于150 万 t。

(2)填埋气体用作本地燃气时,燃气用户宜在填埋场周围3km 以内。

(3)填埋气体用于锅炉燃料时,锅炉设备的选用应符合现行行业标准《生活垃圾填埋场填埋气体收集处理及利用工程技术规范》CJJ 133—2009 中第 7.4.3 条的规定。

(4)填埋气体用于燃烧发电时,发电设备除应符合现行行业标准《气体燃料发电机组 通用技术条件》JB/T 9583.1 的要求外,内燃气发电机组的选用还应符合国家现行标准《生活垃圾填埋场填埋气体收集处理及利用工程技术规范》CJJ 133—2009 中第7.4.2 条的规定。

(5)填埋气体用作城镇燃气或压缩燃料时,燃气管道、压力容器、加气站等设施设备的选用和设计应符合现行国家标准《城镇燃气设计规范》GB 50028 及《汽车用压缩天然气钢瓶》GB 17258 等相关标准的要求。

11.5.3 本条是关于填埋气体预处理要求的规定。

(1)填埋气体预处理工艺的选用要求:

1)填埋气体预处理工艺的选用要求根据气体利用方案、用气设备的要求和烟气排放标准来确定。在符合设计规定的各项要求的前提下,填埋气体预处理宜选用技术先进、成熟可靠的工艺,确保在规定的运转期内安全正常运行。

2)填埋气体预处理工艺方案设计要求考虑废水、废气及废渣的处理,符合现行国家有关标准的规定,防止对环境造成二次污染。

(2)当填埋气体用储气罐储存时,预处理程度可参考以下要求:

1)填埋气体中的水分、二氧化碳及硫化氢等腐蚀性气体要求被去除。

2)处理后的填埋气体应符合国家现行有关标准的要求。

(3)当填埋气体用作本地燃气时,预处理程度可参考以下要求:

1)填埋气体中的水分和颗粒物宜被去除,气体中的甲烷含量宜大于40%。

2)处理后的填埋气体需满足锅炉等燃气设备的要求。

(4)当填埋气体用于燃烧发电时,预处理程度可参考以下要求:

1)对填埋气体要求进行脱水、除尘处理,还要求去除硫化氢、硅氧烷等损害发电机的气体成分,气体中的甲烷含量宜大于45%,气体中的氧气含量要求控制在2%以内,可不考虑去除二氧化碳。

2)净化气体需满足发电机组用气的要求,典型燃气发电机组对填埋气体的压力、温度和杂质等的要求见表24。

表24 典型燃气发动机对填埋气体的各项要求

序号	项　目	符　号	数　据
1	压力	P	8kPa~20kPa
2	温度	T	10℃~40℃
3	氧气	O_2	≤2%
4	硫化物	H_2S	≤600ppm
5	氯化物	Cl	≤48ppm
6	硅、硅化物	Si	<4mg/m³(标准状态下)
7	氨水	NH_3	<33ppm
8	残机油、焦油	Tar	<5mg/m(标准状态下)
9	固体粉尘	Dust	<5μm
			<5mg/m³(标准状态下)
10	相对湿度	τ	<80%

(5)当填埋气体用作城镇燃气时,预处理程度可参考以下要求:

1)对填埋气体要求进行脱水、除尘处理,还要求去除二氧化碳、硫化物、卤代烃等微量污染物,气体中的甲烷含量要求达到

95％以上。

2)净化气体可参照现行国家标准《城镇燃气设计规范》GB 50028等相关标准的规定执行。

(6)当填埋气体用作压缩天然气等压缩燃料时,预处理程度可参考以下要求:

1)对填埋气体要求进行脱水、除尘及脱硫处理,还要求去除二氧化碳、氮氧化物、硅氧烷、卤代烃等微量污染物,气体中的甲烷含量要求达到97％以上,二氧化碳含量要求小于3％,氧气含量要求小于0.5％。

2)净化气体可参考国家压缩燃料质量标准和规范的要求,填埋气体用于车用压缩天然气时的具体净化要求可见表25。

表25　压缩天然气的净化要求

项　　目	技 术 指 标
总硫(以硫计)(mg/m³)	≤200
硫化氢(mg/m³)	≤15
二氧化碳 y_{CO_2}(％)	≤3.0
氧气 y_{O_2}(％)	≤0.5
甲烷 y_{CH_4}(％)	≥97

注:气体体积的标准参比条件是101.325kPa,20℃。

11.5.4　本条是关于填埋气体燃烧系统设计要求的规定。

由于主动导排是将气体抽出,集中排放,如果不用火炬燃烧,则大量可燃气体排放会有安全隐患。火炬燃烧系统要求能在设计负荷范围内根据填埋气体产量变化、气体利用设施负荷变化、甲烷浓度变化等情况调节气体流量,保证填埋气体得到充分燃烧。

条文中"稳定燃烧"是指填埋气体得到充分燃烧,填埋气体中的恶臭气体完全分解。

条文提出了填埋气体火炬要求具有的安全保护措施,燃气在点火和熄火时比较容易产生爆炸性混合气体,"阻火器"是防止回火的设备。火炬燃烧系统还要安装温度计、火焰仪等装置。

填埋气体燃烧系统设计要求符合国家现行标准《生活垃圾填埋场填埋气体收集处理及利用工程技术规范》CJJ 133 的有关规定。

11.6　填埋气体安全

11.6.1　本条是关于填埋场防火基本要求的强制性条文规定。

条文中的"生产的火灾危险性分类"是指根据生产中使用或产生的物质性质及其数量等因素,将生产场区的火灾危险性分为甲、乙、丙、丁、戊类,根据现行国家标准《建筑设计防火规范》GB 50016的规定,填埋库区界定为生产的火灾危险性分类中的戊类防火区。

填埋库区还要求在填埋场设置消防贮水池或配备洒水车、储备灭火干粉剂和灭火沙土,配置填埋气体监测及安全报警仪器,定期对场区进行甲烷浓度监测。

11.6.2　本条是关于防火隔离带的设置要求的规定。

条文中的"防火隔离带"宜选用植物。植物的选择宜根据当地习惯多选用吸尘、减噪、防毒的草皮及长青低矮灌木,宜采用草皮与灌木交错布置的方式设置防火隔离带。场区内防火隔离带要求定期检查维护。

11.6.3　本条为强制性条文,是关于避免安全问题的相关措施的规定。

填埋场在封场稳定安全期前,由于垃圾中可生物降解成分仍未完全降解,垃圾堆体中仍然存在大量易燃易爆的填埋气体。填埋库区内如有封闭式建(构)筑物,极易聚集填埋气体并引发爆炸。另外,堆放易燃易爆物品,甚至将火种带入填埋库区,也可能引发爆炸,造成火灾。

条文中的"稳定安全期"是指填埋场封场后,垃圾中可生物降解成分基本降解,各项监测指标趋于稳定,垃圾层不发生沉降或沉降非常小的过程。

条文中的"易燃、易爆物品"是指在受热、摩擦、震动、遇潮、化学反应等情况下发生燃烧、爆炸等恶性事故的化学物品。根据《中华人民共和国消防法》的有关规定,"易燃易爆危险物品",包括民用爆炸物品和现行国家标准《危险货物品名表》GB 12268 中以燃烧爆炸为主要特性的压缩气体和液化气体,易爆液体,易燃固体、自燃物品和遇湿易燃物品,氧化剂和有机过氧化剂,毒害品、腐蚀品中部分易燃易爆化学物品等。

填埋场要求制订防火、防爆等应急预案和措施,严格管理车辆和人员进出,场内严禁烟火,填埋场醒目位置要求设置禁火警示标志。

11.6.4 本条为强制性条文,是关于填埋场内甲烷气体含量要求的规定。

条文中"填埋场上方甲烷气体含量必须小于 5%",该值参考了美国环保署的指标,其认定空气中甲烷浓度 5% 为爆炸低限,当浓度为 5%～15% 时就可能发生爆炸。

由于填埋库区各区域填埋气的产气量、产气浓度都存在差异,为确保场区安全,要求根据现行国家标准《生活垃圾填埋场污染控制标准》GB 16889 等相关标准的要求,对填埋库区、填埋库区内构筑物、填埋气体排放口的甲烷浓度每天进行一次检测。对甲烷的每日检测可采用符合现行国家标准《便携式热催化甲烷检测报警仪》GB 13486 要求的仪器或具有相同效果的便携式甲烷测定器进行测定,对甲烷的监督性检测要求按照现行行业标准《固定污染源排气中非甲烷总烃的测定　气相色谱法》HJ/T 38 中甲烷的测定方法进行测定。

11.6.5 本条是关于填埋场车辆、设备运行安全方面的规定。

对于经常进入填埋作业区的车辆、设备要求有防火措施,并定期检查机械性能,及时更换老旧部件,对摩擦较大的部件宜经常润滑维护,保持良好的机械特性,以避免因摩擦或其他机械故障产生火花而造成安全问题。

11.6.6 本条是关于防止填埋气体在填埋场局部聚集的规定。

11.6.7 本条是关于对可能造成腔型结构填埋物的处理要求的规定。

对填埋物中如桶、箱等本身有一定容积的大件物品以及一些在填埋过程中"可能造成腔型结构的大件物品"，要求破碎后再进行填埋。破碎后填埋物的外形尺寸要求符合具体填埋工艺设计的要求。

12　填埋作业与管理

12.1　填埋作业准备

12.1.1　本条是关于填埋场作业人员和运行管理人员的基本要求的规定。

通过加强和规范生活垃圾填埋场运行管理,提升作业人员的业务水平,保证安全运行,规范作业。

填埋场运行管理人员要求掌握填埋场主要技术指标及运行管理要求,并具备执行填埋场基本工艺技术要求和使用有关设施设备的技能,明确有关设施设备的主要性能、使用年限和使用条件的限制。

条文中"熟悉填埋作业要求"具体如下:

(1)了解本岗位的主要技术指标及运行要求,具备操作本岗位机械、设备、仪器、仪表的技能。

(2)坚守岗位,按操作要求使用各种机械、设备、仪器仪表,认真做好当班运行记录。

(3)定期检查所管辖的设备、仪器、仪表的运行状况,认真做好检查记录。

(4)运行管理中发现异常情况,要求采取相应处理措施,登记记录并及时上报。

填埋场作业人员和运行管理人员均要求熟悉运行管理中填埋气体的安全相关知识。

12.1.2　本条是关于填埋作业规程制订和紧急应变计划的规定。

条文中"填埋作业规程"是填埋场运行管理达到卫生填埋技术规范要求的技术保障,要求有本场的年、月、周、日填埋作业规程,严格按填埋作业规程进行作业管理,确保填埋安全并符合现行行业标准《城市生活垃圾卫生填埋场运行维护技术规程》CJJ 93 的要求。

条文中"制定填埋气体引起火灾和爆炸等意外事件的应急预案"的基本依据有《中华人民共和国突发事件应对法》、《国家突发环境事件应急预案》、《环境保护行政主管部门突发环境事件信息报告办法(试行)》、《突发公共卫生事件应急条例》、《生产经营单位安全生产事故应急预案编制导则》AQ/T 9002、《生活垃圾应急处置技术导则》RISN – TG 005 等。

12.1.3 本条是关于制订分区分单元填埋作业计划的原则规定。

条文中的"分区分单元填埋作业计划"要求包括分区作业计划和分单元分层填埋计划,宜绘制填埋单元作业顺序图。

12.1.4 本条是关于填埋作业开始前的基本设施准备要求的规定。

条文中的"填埋作业分区的工程设施和满足作业的其他主体工程、配套工程及辅助设施"主要包括:作业通道、作业平台(含平台的设置数量、面积、材料、长度、宽度等参数要求)、场内运输、工作面转换、边坡(HDPE 膜)保护、排水沟修筑、填埋气井安装、渗沥液导渗等内容。这些设施要求按设计要求进行施工。

12.1.5 本条是关于填埋作业要求的规定。

条文中"卸车平台"的设置要求便于作业,并满足下列要求:

(1)卸车平台基底填埋层要预先构筑;

(2)卸车平台的构筑面积要求满足垃圾车回转倒车的需要;

(3)卸车平台整体要求稳定结实,表面要设置防滑带,满足全天候车辆通行要求。

垃圾卸车平台和填埋作业区域要求在每日作业前布置就绪,平台数量和面积要求根据垃圾填埋量、垃圾运输车流量及气候条件等实际情况分别确定。垃圾卸车平台材料可以是建筑垃圾、石料构筑的一次性卸车平台,或由特制钢板多段拼接、可延伸并重复使用的专用卸车平台,或其他类型的专用平台。其中由钢板拼装的专用卸料作业平台除了可重复使用,还具有较好的防沉陷能力。

12.1.6 本条是关于配置填埋作业设备的规定。

条文中的"摊铺设备"指推土机,条文中的"压实设备"主要指压实机,填埋场规模较小时可用推土机代替压实机进行压实,条文中"覆盖"作业设备一般采用挖掘机、装载机和推土机等多项设备配合作业。

填埋场主要工艺设备要求根据日处理垃圾量和作业区、卸车平台的分布来进行合理配置,可参照表26选用。

表26 填埋场工艺设备选用表(台)

建设规模	推土机	压实机	挖掘机	装载机
Ⅰ级	3～4	2～3	2	2～3
Ⅱ级	2～3	2	2	2
Ⅲ级	1～2	1	1	1～2
Ⅳ级	1～2	1	1	1～2

为防止大件垃圾形成腔性结构,本条提出了"大件垃圾较多情况下,宜配置破碎设备"的要求。

12.2 填 埋 作 业

12.2.1 本条是关于填埋物入场和垃圾车出场时的作业要求的规定。

条文中"检查"的内容包括垃圾运输车车牌号、运输单位、进场日期及时间、垃圾来源、类别等情况。条文中"计量"是指采用计量系统对进场垃圾进行计量,计量的主要设施为地磅房。

(1)进场垃圾检查需注意以下要点:

1)对进入填埋场的垃圾进行不定期成分抽查检测;

2)填埋场入口操作人员要求对进场垃圾适时观察,发现来源不明等要及时抽检;

3)不符合规定的填埋物不能进入填埋区,并进行相应处理、处置;

4)填埋作业现场倾卸垃圾时,一旦发现生活垃圾中混有不符合填埋物要求的固体废物,要及时阻止倾卸并做相应处置,同时对其做详细记录、备案并及时上报。

（2）进场垃圾计量需注意以下要点：

1）对进场垃圾进行计量信息登记；

2）垃圾计量系统要保持完好，计量站房内各种设备要求保持使用正常；

3）操作人员要求做好每日进场垃圾资料备份和每月统计报表工作；

4）操作人员要求做好当班工作记录和交接班记录；

5）计量系统出现故障时，要求立即启动备用计量方案，保证计量工作正常进行；当全部计量系统均不能正常工作时，及时采用手工记录，待系统修复后及时将人工记录数据输入计算机，保证记录完整准确。

12.2.2 本条是关于填埋作业的分类和工序的规定。

条文中的"单元"为某一作业期的作业量，宜取一天的作业量作为一个填埋单元。每个分区要求分成若干单元进行填埋作业。

条文中的"分层"作业是每个分区中的各子单元按照顺序填埋为基础，分为第一阶段填埋作业和第二阶段填埋作业：

第一阶段填埋作业：通常填埋第一层垃圾时宜采用填坑法作业。

第二阶段填埋作业：第一阶段填埋作业完成后，可进行第二阶段填埋作业。在第二阶段作业中，可设每 5m 左右为一个作业层，第二阶段填埋作业在地面以上完成，为保证堆体的稳定性，需要修坡，堆比宜为 1：3。每升高 5m 设置一个 3m 宽的马道平台，第二阶段填埋作业最终达到的高程为封场高程。第二阶段宜采用倾斜面堆积法。

条文中的"分层摊铺、压实"是指将厚度不大于 600mm 的垃圾摊铺在操作斜面上（斜面坡度小于压实机械的爬坡坡度），然后进行压实，该层压实完成后再进行上一层的摊铺、压实。

填埋单元作业时要求对作业区面积进行控制。

对于Ⅰ、Ⅱ类填埋场，宜按照作业区面积与日填埋量之比 0.8～1.0 进行作业区面积的控制，并且按照暴露面积与作业面积之比不大于 1∶3 进行暴露面积的控制。

对于Ⅲ、Ⅳ类填埋场,宜按照作业区面积与日填埋量之比 1.0~1.2 进行作业区面积的控制,并且可按照暴露面积与作业面积之比不大于 1∶2 进行暴露面积的控制。雨、雪季填埋区作业单元易打滑、陷车,要求选择在填埋库区入口附近设置备用填埋作业区,以应对突发事件。

12.2.3 本条是关于垃圾摊铺厚度及压实密度要求的规定。

摊铺作业方式有由上往下、由下往上、平推三种,由下往上摊铺比由上往下摊铺压实效果好,因此宜选用从作业单元的边坡底部向顶部的方式进行摊铺,每层垃圾摊铺厚度以 0.4m~0.6m 为宜,条文规定具体"应根据填埋作业设备的压实性能、压实次数及生活垃圾的可压缩性确定"。

填埋场宜采用专用垃圾压实机分层连续不少于两遍碾压垃圾,当压实机发生故障停止使用时,可使用大型推土机连续不少于三遍碾压垃圾。压实作业坡度宜为 1∶4~1∶5,压实后要求保证层面平整,垃圾压实密度要求不小于 600kg/m³。对于日填埋量小于 200t 的Ⅳ类填埋场,可采取推土机替代专用垃圾压实机完成压实垃圾作业,但需达到规定的压实密度。小型推土机来回碾压次数则按照垃圾压实密度要求,以大型推土机连续碾压的次数(不少于 3 次)进行相应的等量换算。

12.2.4 本条是关于填埋单元的高度、宽度以及坡度要求的规定。

条文中"每一单元"大小可根据填埋场的不同日处理规模来选取,相关尺寸可参考表 27。

表 27 填埋单元尺寸参照表

日处理规模	填埋单元尺寸 $L \times B \times H$(m×m×m)
Ⅰ级	25×9×6
Ⅱ级	20×7×5
Ⅲ级	14×6×4
Ⅳ级	11×6×3

12.2.5 本条是关于日覆盖要求的规定。

每一填埋单元作业完成后的日覆盖主要作用是抑制臭气,防轻质、飞扬物质,减少蚊蝇及改善不良视觉环境。日覆盖主要目的不是减少雨水侵入,对覆盖材料的渗透系数没有要求。根据国内填埋场经验,采用黏土覆盖容易在压实设备上粘结大量土,对压实作业产生影响,因此建议采用砂性土进行日覆盖。

采用膜材料覆盖时作业技术要点如下:

(1)覆盖膜宜选用 0.75mm 厚度、宽度为 7m～8m 的 HDPE 膜,亦可用 LLDPE 膜。覆盖时膜裁剪长度宜为 20m 左右,要求注意覆盖材料的使用和回收,降低消耗。

(2)覆盖时要求从当日作业面最远处的垃圾堆体逐渐向卸料平台靠近。

(3)覆盖时膜与膜搭接的宽度宜为 0.20m 左右,盖膜方向要求按坡度顺水搭接(即上坡膜压下坡膜)。

条文中的喷涂覆盖技术,是指将覆盖材料通过喷涂设备,加水混合搅拌成浆状,喷涂到所需覆盖的垃圾表层,材料干化后在表面形成一层覆盖膜层。

12.2.6 本条是关于作业场所喷洒杀虫灭鼠药剂、除臭剂及洒水降尘的规定。

喷洒除臭剂是指对作业面采用人工喷淋或对垃圾堆体上空采用高压喷雾风炮的方式进行除臭。

臭气控制除了本条及有关条文规定的堆体"日覆盖"、"中间覆盖"及调节池的"覆盖系统"等要求外,尚宜采取以下措施:

(1)减少和控制填埋作业暴露面;

(2)减少无组织填埋气体排放量;

(3)及时清除场区积水。

在垃圾倾卸、推平、填埋过程中都会产生粉尘,所以规定在填埋作业时要求适当"洒水降尘"。

12.2.7 本条是关于中间覆盖要求的规定。

中间覆盖的主要目的是避免因较长时间垃圾暴露进入大量雨水，产生大量渗沥液，可采用黏土、HDPE膜、LLDPE膜等防渗材料进行中间覆盖。黏土覆盖层厚度不宜小于30cm。

采用膜材料覆盖时作业技术要点如下：

(1)膜覆盖的垃圾堆体中，会产生甲烷、硫化氢等有害健康的气体，将其掀开时，必须有相应的防范措施。

(2)覆盖时膜裁剪根据实际长度，但一般不超过50m。

(3)覆盖时宜按先上坡后下坡顺序覆盖。

(4)在靠近填埋场防渗边坡处的膜覆盖后，要求使膜与边坡接触并有0.5m～1m宽度的膜覆盖住边坡。

(5)膜的外缘要拉出，宜开挖矩形锚固沟并在护道处进行锚固。要求通过膜的最大允许拉力计算，确定沟深、沟宽、水平覆盖间距和覆土厚度。

(6)膜与膜之间要进行焊接，焊缝要求保持均匀平直，不允许有漏焊、虚焊或焊洞现象出现。

(7)覆盖后的膜要求平直整齐，膜上需压放有整齐稳固的压膜材料。

(8)压膜材料要求压在膜与膜的搭接处上，摆放的直线间距为1m左右。如作业气候遇风力比较大时，也可在每张膜的中部摆上压膜袋，直线间距2m～3m左右。

12.2.8 本条是关于进行封场和生态环境恢复的原则规定。

封场和生态环境恢复的技术要求在本规范第13章中作了具体规定。

12.2.9 本条是关于维护场内设施和设备的原则规定。

本条所指的"设施、设备"主要有各种路面、沟槽、护栏、爬梯、盖板、挡墙、挡坝、井管、监控系统、气体导排系统、渗沥液处理系统和其他各类机电装置等。各岗位人员负责辖区设施日常维护，部门及场部定期组织人员抽查。

各种供电设施、电器、照明设备、通信管线等要求由专业人员定期检查维护;各种车辆、机械和设备日常维护保养及部分小修要求由操作人员负责,中修或大修要求由厂家或专业人员负责;避雷、防爆装置要求由专业人员定期按有关行业标准检测。场区内的各种消防设施、设备要求由岗位人员做好日常管理和场部专职人员定期检查。

12.2.10 本条是关于填埋作业过程实施安全卫生管理应符合有关标准的原则规定。

12.3　填埋场管理

12.3.1 本条是关于填埋场应建立全过程管理的原则规定。

12.3.2 本条是关于填埋场建设有关文件科学管理的规定。

条文中的"有关文件资料"包括场址选择、勘察、环境影响评价、可行性研究、征地、财政拨款、设计、施工直至验收等全过程所形成的所有文件资料,如项目建议书及其批复,可行性研究报告及其批复,环境影响评价报告及其批复,工程地质和水文地质详细勘察报告,设计文件、图纸及设计变更资料,施工记录及竣工验收资料等。

12.3.3 本条是关于填埋场运行记录、管理、计量等级的规定。

运行技术资料除条文中规定的"车辆数量、垃圾量、渗沥液产生量、材料消耗等"外,还要求包括:

(1)垃圾特性、类别;

(2)填埋作业规划及阶段性作业方案进度实施记录;

(3)填埋作业记录(倾卸区域、摊铺厚度、压实情况、覆盖情况等);

(4)渗沥液收集、处理、排放记录;

(5)填埋气体收集、处理记录;

(6)环境监测与运行检测记录;

(7)场区除臭灭蝇记录;

(8)填埋作业设备运行维护记录;

（9）机械或车辆油耗定额管理和考核记录；

（10）填埋场运行期工程项目建设记录；

（11）环境保护处理设施污染治理记录；

（12）上级部门与外来单位到访记录；

（13）岗位培训、安全教育及应急演习等的记录；

（14）劳动安全与职业卫生工作记录；

（15）突发事件的应急处理记录；

（16）其他必要的资料、数据。

归档文件资料保存形式可以是图表、文字数据材料、照片等纸质或电子载体。特殊情况下，也可将少量实物样品归档保存。

Ⅱ级及Ⅱ级以上的填埋场宜采用计算机网络对填埋作业进行管理。

12.3.4 本条是关于填埋场封场和场地再利用管理的规定。

12.3.5 本条是关于填埋场跟踪监测管理的规定。

13 封场与堆体稳定性

13.1 一 般 规 定

13.1.1 本条是关于封场设计应考虑因素的原则规定。

13.1.2 本条是关于封场设计应符合相关标准的规定。

13.2 填埋场封场

13.2.1 本条是关于堆体整形设计应满足的基本要求的规定。

（1）堆体整形挖方作业时，要求采用斜面分层作业法。斜面分层自上而下作业，避免形成甲烷气体聚集的封闭或半封闭空间，防止填埋气体突然膨胀引发爆炸，也可避免陡坡发生滑坡事故。

（2）堆体整形时要求分层压实垃圾以提高堆体抗剪强度，减少堆体的不均匀沉降，增加堆体稳定性，为封场覆盖系统提供稳定的工作面和支撑面。

（3）堆体整形作业过程中，挖出的垃圾要求及时回填。垃圾堆体不均匀沉降造成的裂缝、沟坎、空洞等要求充填密实。

（4）堆体整形与处理过程中，宜采用低渗透性的覆盖材料临时覆盖。

13.2.2 本条是关于封场坡度设计要求的规定。

封场坡度包括"顶面坡度"与"边坡坡度"。顶面坡度不宜小于5％的设置可以防止堆体顶部不均匀沉降造成雨水聚集；边坡宜采用多级台阶进行封场，台阶高度宜按照填埋单元高度进行，不宜大于10m，考虑雨水导排，同时也对堆体边坡的稳定提出了要求。

堆体边坡处理要求如下：

（1）边坡处理设计要求根据需要分别列出排水、坡面支护和深层加固等处理方法中常用的处理措施,并规定如何合理选用这些处理方法,组成符合工程实际的综合处理方案。规定可采用的具体处理措施时,要注意与土坡处理措施的异同。

(2)边坡处理的开挖减载、排水、坡面支护和深层加固方法中,对于技术问题较复杂的某些处理措施,可参照土坡处理的要求进一步规定该措施的适用条件、要注意的问题和主要计算内容。

(3)边坡稳定分析要求从短期及长期稳定性两方面考虑,边坡稳定性通常与垃圾堆体的沉降速率、抗剪参数、坡高、坡角、重力密度及孔隙水应力等因素有关。

13.2.3 本条是关于不同最终封场覆盖结构要求的规定。

排气层宜采用粗粒或多孔材料,采用粒径为 25mm～50mm、导排性能好、抗腐蚀的粗粒多孔材料,渗透系数要求大于 1×10^{-2} cm/s。边坡排气层宜采用与粗粒或多孔材料等效的土工复合排水网。

条文中的"黏土层"在投入使用前要求进行平整压实。黏土层压实度不得小于 90%,黏土层平整度要求达到每平方米黏土层误差不得大于 2cm。在设计黏土层时要求考虑如沉降、干裂缝以及冻融循环等破坏因素。

条文中的"土工膜",宜与防渗土工膜紧密连接。

排水层宜采用粗粒或多孔材料,排水层渗透系数要求大于 1×10^{-2} cm/s,以保证足够的导水性能,保证施加于下层衬里的水头小于排水层厚度。边坡排水层要求采用土工复合排水网。设计排水层时,要求尽量减少降水在底部和低渗透水层接触的时间,从而减少降水到达填埋物的可能性。通过顶层渗入的降水可被截住并很快排出,并流到坡脚的排水沟中。

封场边坡的坡度较大,直接采用卵石等作为排水层、排气层则覆盖稳定难以保证,需要以网格作为骨架进行固定,所以规定采用土工复合排水网或加筋土工网垫。

植被层坡度较大处宜采取表面固土措施。

条文中防渗层的"保护层"可采用黏土,也可采用 GCL 或非织造土工布。

(1)黏土:厚度不宜小于 30cm,渗透系数不大于 $1×10^{-5}$ cm/s;

(2)GCL:厚度应大于 5mm,渗透系数应小于 $1×10^{-7}$ cm/s;

(3)非织造土工布:规格不宜小于 $300g/m^2$。

13.2.4 本条是关于封场后实施生态恢复的规定。

生态恢复所用的植物类型宜选择浅根系的灌木和草本植物,以保证封场防渗膜不受损害。植物类型还要求适合填埋场环境并与填埋场周边的植物类型相似的植物。

(1)根据填埋堆体稳定化程度,可按恢复初期、恢复中期、恢复后期三个时期分别选择植物类型:

1)恢复初期,生长的植物以草本植物生长为主。

2)恢复中期,生长的植物出现了乔、灌木植物。

3)恢复后期,植物生长旺盛,包括各类草本、花卉、乔木、灌木等。

(2)植被恢复各期可参考如下措施进行维护:

1)恢复初期:堆体沉降较快造成的裂缝、沟坎、空洞等应充填密实,同时应清除积水,并补播草种、树种。

2)恢复中期:不均匀沉降造成的覆盖系统破损应及时修复,并补播草种、树种。

3)恢复后期:定期修剪植被。

13.2.5 本条是关于封场后运行管理和环境与安全监测等内容的规定。

条文中的渗沥液处理直至填埋体稳定的判断,因垃圾成分的多样性与填埋工艺的不同,封场后渗沥液产生量和时间较难确定,宜根据监测数据判断。一般要求直到填埋场产生的渗沥液中水污染物浓度连续两年低于现行国家标准《生活垃圾填埋场污染控制标准》GB 16889 规定的限值。监测应符合《生活垃圾卫生填埋场岩土工程技术规范》CJJ 176—2012 中第 9 章的规定。

条文中的"环境与安全监测"主要包括:

(1)大气监测:环境空气监测中的采样点、采样环境、采样高度及采样频率的要求按现行国家标准《生活垃圾卫生填埋场环境监测技术要求》GB/T 18772执行。各项污染物的浓度限值要求按现行国家标准《环境空气质量标准》GB 3095的规定执行。

(2)填埋气监测:要求按现行国家标准《生活垃圾卫生填埋场环境监测技术要求》GB/T 18772的规定执行。

(3)地表水监测:地表水水质监测的采样布点、监测频率要求按国家现行标准《地表水和污水监测技术规范》HJ/T 91的规定执行。各项污染物的浓度限值要求按现行国家标准《地表水环境质量标准》GB 3838的规定执行。

(4)填埋物有机质监测:样品制备要求按国家现行标准《城市生活垃圾采样和物理分析方法》CJ/T 3039的规定执行。有机质含量的测定要求按国家现行标准《生活垃圾化学特性通用检测方法》CJ/T 96的规定执行。

(5)植被调查:要求每隔2年对植物的覆盖度、植被高度、植被多样性进行检测分析。

13.2.6 本条是关于封场后进行水土保持的原则规定。

填埋场封场后宜对场区水土流失进行评价,其中由侵蚀引起的水土流失每公顷每年不宜超过5t。

条文中"相关维护工作"包括维护植被覆盖(修剪、施肥等)和保养表土(铺设防腐蚀织物、修整坡度等)。

13.2.7 本条是关于填埋场封场后土地使用要求的规定。

填埋场场地稳定化判定要求可参考表28。

表28 填埋场场地稳定化判定要求

利用阶段	低度利用	中度利用	高度利用
利用范围	草地、农地、森林	公园	一般仓储或工业厂房
封场年限(年)	≥3	≥5	≥10
填埋物有机质含量	<20%	<16%	<9%
地表水水质	满足 GB 3838 相关要求		

利用阶段	低度利用	中度利用	高度利用
堆体中填埋气	不影响植物生长，甲烷浓度不大于 5%	甲烷浓度 1%～5%	甲烷浓度小于 1%，二氧化碳浓度小于 1.5%
大气	—	GB 3095 三级标准	
恶臭指标	—	GB 14554 三级标准	
堆体沉降	大，>35cm/年	不均匀,10cm/年～30cm/年	小,1cm/年～5cm/年
植被恢复	恢复初期	恢复中期	恢复后期

注:封场年限从填埋场封场后开始计算。

条文中的"土地利用"，按照不同利用方式要求满足国家相关环保标准要求。填埋场封场后的土地利用可分为低度利用、中度利用和高度利用三类。

(1)低度利用一般指人与场地非长期接触,主要方式有草地、林地、农地等。

(2)中度利用指人与场地不定期接触,主要包括公园、运动场、野生动物园、高尔夫球场等。

(3)高度利用一般指人与场地长期接触的建(构)筑物。

13.2.8 本条是关于老生活垃圾填埋场封场工程的规定。

13.3 填埋堆体稳定性

13.3.1 本条是关于堆体稳定性所包括内容的规定。

13.3.2 本条是关于封场覆盖稳定性分析的原则规定。

条文中"滑动稳定性分析"宜采用无限边坡分析方法。在进行覆盖稳定性分析时,要求考虑其最不利条件下的稳定性。封场覆盖稳定性安全系数(稳定系数)在 1.25～1.5 为宜。

13.3.3 本条是关于堆体边坡稳定性计算方法的规定。

边坡稳定分析要求从短期及长期稳定性两方面考虑,边坡稳定性通常与垃圾的抗剪参数、坡高、坡角、重力密度及孔隙水应力等因素有关。

堆体边坡稳定定性计算方法选用原则：

（1）堆体边坡滑动面呈圆弧形时，宜采用简化毕肖普（Simplified Bishop）法和摩根斯顿－普赖斯法（Morgenstern-Price）进行抗滑稳定计算。

（2）堆体边坡滑动面呈非圆弧形时，宜采用摩根斯顿－普赖斯法和不平衡推力传递法进行抗滑稳定计算。

（3）边坡稳定性验算时，其稳定性系数要求不小于现行国家标准《建筑边坡工程技术规范》GB 50330—2002 中表 5.3.1 的规定。

13.3.4 本条是关于堆体沉降稳定性判断的规定。

（1）堆体沉降量由沉降时间得到沉降速率，进而通过沉降速率与封场年限判断堆体的稳定性。

（2）填埋堆体沉降速率可作为填埋场场地稳定化利用类别的判定特征。填埋堆体沉降速率可根据沉降量与沉降历时计算。

（3）堆体沉降量可通过监测或通过主固结沉降与次固结沉降计算得到。

13.3.5 本条是关于堆体沉降、导排层水头监测要求及应对措施的规定。

（1）堆体沉降监测：

1）填埋堆体沉降的监测内容包括堆体表层沉降、堆体深层不同深度沉降。

2）堆体中的监测点宜采用 30m～50m 的网格布置，在不稳定的局部区域宜增加监测点的密度。

3）沉降计算时监测点的选择要求沿几条选定的沉降线选择不同的监测点。

4）监测周期宜为每月一次，若遇恶劣天气或意外事件，宜适当缩短监测周期。

（2）渗沥液水位监测：见本规范第 10.3.7 条的条文说明。

14 辅助工程

14.1 电 气

14.1.1 本条是关于填埋场供配电系统负荷等级选择的原则规定。

填埋场用电要求经过总变电设施,对各集中用电点(管理区、填埋作业区、渗沥液处理区等)进行配电,然后经过局部配电设施对具体设施供配电。

填埋场供电宜按二级负荷设计。

填埋工程要求供配电系统能保证在防洪及暴雨季节不得停电,同时要求节约能源,降低电耗。

用电电压宜采用 380/220V。变压器接线组别的选择,要求使工作电源与备用电源之间相位一致,低压变压器宜采用干式变压器。

垃圾填埋场宜配置柴油发电机,以备急用。

14.1.2 本条是关于填埋场的继电保护和安全自动装置、过电压保护、防雷和接地要求符合相关标准的原则规定。

继电保护设计可参考下列要求:

(1)10kV 进线要求设置过电流保护。

(2)10kV 出线要求设置电流速断保护、过电流保护及单相接地故障报警。

(3)出线断路器保护至变压器,要求设置速断主保护及过流后备保护。

(4)管理区变电室值班室外要求设置不重复动作的信号系统,要求设置信号箱一台。

(5)10kV 系统要求设绝缘监视装置,要求动作于中央信号装置。

（6）变压器要求设短路保护。

（7）低压配电进线总开关要求设置过载长延时和短路速断保护。

（8）低压用电设备及馈线电缆要求设短路及过载保护。

14.1.3　本条是关于填埋气体发电工程电气主接线设计的基本规定。

14.1.4　本条是关于照明设计应符合相关标准的原则规定。

（1）照明配电宜采用三相五线制，电压等级均为 380/220V，接地形式采用 TN-S 系统。

（2）管理区用房照明宜采用荧光灯，道路照明可采用 8m 高的金属杆配高压钠灯，渗沥液处理区设备照明宜设置高杆照明灯。

（3）照度值可采用中值照度值。

14.1.5　本条是关于电缆的选择与敷设应符合相关标准的原则规定。

（1）引入到场区的高压线，要求经技术经济比较后确定架设方式。采用高架架空形式时，要求减少高压线在场区内的长度，并要求沿场区边缘布置。

（2）填埋场内电缆可采用金属铠装电缆，室外敷设时宜以直埋为主，并要求采取有效的阻燃、防火封堵措施。

（3）低压配电室内和低压配电室到渗沥液处理区的线路宜设置电缆沟，电缆在沟内分边分层敷设，低压配电室到其他构筑物则一般可采用钢管暗敷，渗沥液处理及填埋气体处理构筑物内则一般采用电缆桥架。

14.2　给排水工程

14.2.1　本条是关于填埋场给水工程设计应符合相关标准的原则规定。

填埋场管理区的生产、生活及消防等用水设计应考虑以下几个方面：

（1）道路喷洒及绿化用水：道路浇洒用水量按 q_1（可取

0.0015)m³/(m²·次),每日浇洒按 2 次计算,绿化用水量按 q_2(可取 0.002)m³/(m²·d)计算,每日浇洒按 1 次计算。道路喷洒及绿化用水量 Q_1 计算见式(12):

$$Q_1 = q_1 \times 2 \times S_1 + q_2 \times S_2 (m^3/d) \tag{12}$$

式中:S_1——道路喷洒面积(m²);

S_2——绿化面积(m²)。

(2)生活用水量:填埋场主要工种宜实行一班制,生产天数以 365 天计,定员人数为 n。生活用水量按 q_1(可取 0.035)m³/(人·班)计算,时变化系数可取 2.5;淋浴用水量按 q_2(可取 0.08)m³/(人·班)计算,时变化系数可取 1.5。生活用水量 Q_2 计算见公式(13):

$$Q_1 = q_1 \times n \times 2.5 + q_2 \times n \times 1.5 (m^3/d) \tag{13}$$

(3)消防用水量:填埋场消防系统也采用低压消防系统,消防用水量可取 20L/s,消防延续时间以 4h 计。

(4)汽车冲洗用水量:水量要求符合现行国家标准《建筑给水排水设计规范》GB 50015 的要求,冲洗用水可取 100L/(辆·次)～200L/(辆·次)(如汽车冲洗设施安排在渗沥液处理区,其污水可随渗沥液一同处理。)。

(5)未预见水量可按最高日用水量的 15%～25%合并计算。

14.2.2 本条是关于填埋场饮用水水质应符合相关标准的原则规定。

14.2.3 本条是关于填埋场排水工程设计应符合相关标准的原则规定。

(1)排水量包括管理区的生产、生活污水量和管理区的雨水量。

(2)管理区的污水(冲洗地面水、厕所水、淋浴水、食堂等生产、生活污水)可直接排放到调节池;管理区离渗沥液处理区较远时,则可设置化粪池,使管理区污水经过化粪池消化后再排放到调节池。管理区内污水要求不得直接排往场外。

（3）管理区室外污水（道路及汽车冲洗水等污水）可随雨水一起排入场外。

14.3 消　　防

14.3.1　本条是关于填埋场的室内、室外消防设计应符合相关标准的原则规定。

（1）消防等级：

1）填埋区生产的火灾危险性分类为中戊类。

2）填埋场管理区和渗沥液处理区均宜按照不低于丁类防火区设计。其中，变配电间按Ⅰ级耐火等级设计，其他工房的耐火等级均要求不应低于Ⅱ级，建筑物主要承重构件也宜不低于Ⅱ级的防火等级。

（2）消防措施：

1）填埋场消防设施主要为消防给水和自动灭火设备，具体包括消火栓、消防水泵、消防水池、自动喷水灭火设备，气体灭火器等。

2）填埋场管理区建（构）筑物消防参照现行国家标准《建筑设计防火规范》GB 50016执行，灭火器按现行国家标准《建筑灭火器配置设计规范》GB 50140配置。

3）填埋场管理区内要求设置消火栓，综合楼宜设置消防通道，主变压器宜配备泡沫喷淋或排油充氮灭火装置，其他工房及设施叮配置气体灭火器。对于移动消防设备，要求选用对大气无污染的气体灭火器。

4）作业区的潜在火源包括受热的垃圾、运输车辆、场内机械设备产生的火星和人为的破坏，填埋作业区要求严禁烟火。

5）作业区内宜配备可燃气体监测仪和自动报警仪，并要求定期对填埋场进行可燃气体浓度监测。

6）填埋作业区附近宜设置消防水池或消防给水系统等灭火设施；受水源或其他条件限制时，可准备洒水车及砂土作消防急用。

填埋场作业的移动设施也要求配备气体灭火器。

14.3.2 本条是关于填埋场电气消防设计应符合相关标准的原则规定。

14.4 采暖、通风与空调

14.4.1 本条是关于各建筑物的采暖、空调及通风设计应符合相关标准的原则规定。

15 环境保护与劳动卫生

15.0.1　本条是关于填埋场进行环境影响评价和环境污染防治要求的规定。

条文中的"环境污染防治设施"主要指防渗系统、渗沥液导排与处理系统、填埋气体导排与处理利用系统、绿化隔离带、监测井等设施。

条文中"国家有关规定"，最主要的是指现行国家标准《生活垃圾填埋场污染控制标准》GB 16889。

15.0.2　本条是关于监测井类别以及监测方法应执行的标准的原则规定。

条文中各"监测井"的布设距离要求为：地下水流向上游 30m～50m 处设本底井一眼，填埋场两旁各 30m～50m 处设污染扩散井两眼，填埋场地下水流向下游 30m 处、50m 处各一眼污染监测井。

条文中各"监测项目"，按照现行国家标准《生活垃圾卫生填埋场环境监测技术要求》GB/T 18772 的要求则监测项目繁多，现行行业标准《生活垃圾填埋场无害化评价标准》CJJ/T 107 选择以下重点监测项目进行达标率核算：

地面水监测指标：pH 值、悬浮物、电导率、溶解氧、化学耗氧量、五日生化耗氧量、氨氮、汞、六价铬、透明度；

地下水监测指标：pH 值、氨氮、氯化物、汞、六价铬、大肠菌群；

大气监测指标：总悬浮颗粒物、甲烷气、硫化氢、氨气；

渗沥液处理厂出水监测指标：COD、BOD_5、氨氮、总氮。

15.0.3　本条是关于填埋场环境污染控制指标应执行的标准的原则规定。

现行国家标准《生活垃圾填埋场污染控制标准》GB 16889 首次发布于 1997 年,并于 2008 年对该标准作出修订,此次修订增加了生活垃圾填埋场污染物控制项目数量。

15.0.4 本条是关于避免因库区使用杀虫灭鼠药物和填埋作业造成的二次污染的规定。

条文中的"杀虫灭鼠药剂"一般为化学药剂且有毒性,毒性比较大的杀虫灭鼠药剂首次使用后效果会很好,但对环境和人体伤害较大,要求慎用。

15.0.5 本条为强制性条文,是关于场区主要标识设置的原则规定。

填埋场各项功能标示不清或缺少标示极易造成安全事故,而道路行车指示、安全标识、防火防爆及环境卫生设施设置标志可以有效避免意外人员伤亡、安全事故,并且提高运行管理效率。安全生产是填埋场运行管理中的重中之重,完善的标示系统可以有效保障运行安全。

15.0.6 本条是关于填埋场的劳动卫生应执行的标准及对作业人员的保健措施的规定。

条文中的"填埋作业特点"主要包括:

(1)干燥天气较大风力时,风会带起填埋作业表面的粉尘;

(2)垃圾填埋作业过程中,不可避免存在裸露堆放时段,在夏季极易产生恶臭气体并在空气中扩散;

(3)填埋作业过程中机械设备噪声是主要噪声污染源;

(4)填埋作业所有机械设备频繁移动,有可能造成跌落、损伤事故;

(5)填埋作业过程中存在高温、低温对作业人员的影响;

(6)来自生活垃圾中的病原体(细菌、真菌及病毒)在填埋作业过程中有可能污染工作环境,给工作人员带来健康危害。

填埋作业时的这些作业特点对作业人员的身体都会有影响,在一定条件下,这些因素可对劳动者的身体健康产生不良影响。

条文中的"采取有利于职业病防治和保护作业人员健康的措施"包括:

(1)防尘措施:

1)加强管理,减少倾倒扬尘的产生,同时改善操作工人的劳动保护条件,减缓倾倒扬尘对工人健康的影响;

2)控制粉尘污染的措施,采取在非雨天喷洒水,喷水的次数和水量宜结合当时具体条件,由操作人员和管理人员掌握,把握的原则是不影响填埋作业,同时又能达到最佳控制粉尘的效果。洒水的场所主要是作业区、土源挖掘装运场所、进场和场区道路。

(2)臭气控制措施:填埋作业区的臭气一般按卫生填埋工艺实行日覆盖来避免。而渗沥液调节池则可采取在调节池加盖密闭。此外,可配备过滤式防毒面具,保护作业人员的身体健康。

(3)防噪声措施:对鼓风机等高噪声设备采取安装隔声罩等降噪措施以减缓噪声的影响。

(4)防病原微生物措施:填埋现场作业人员必须身穿工作服并戴口罩和手套。

(5)其他措施:为防止由于实行倒班制而引起工人生活节律紊乱和职业性精神紧张的问题,要求考虑相对固定作息时间。

16 工程施工及验收

16.0.1 本条是关于填埋场编制施工方案的原则规定。

条文中"编制施工方案"的编制准备主要要求包括下列资料：

基础文件：招标文件、设计图纸及说明、地质勘察报告和补遗资料；

国家现行工程建设政策、法规及验收标准；

施工现场调查资料；

施工单位的资源状况及类似工程的施工及管理经验。

条文中"施工方案"的内容一般要求包括以下几个部分：

（1）工程范围：

1）填埋区：主要包括垃圾坝、场地平整、场内防渗系统及渗沥液和填埋气体导排系统等。

2）管理区：主要包括综合楼及生产、生活配套房屋等。

3）渗沥液处理区：主要包括调节池、渗沥液处理设施等。

4）场外工程：主要包括永久性道路、临时道路、场外给水、供配电、排污管线和集污井等。

（2）主要技术组织措施：

1）要求配备有经验、专业齐全的项目经理和管理班子，加强与业主代表、主管部门、监理单位及相关部门的信息沟通，配备专人协调与施工中涉及的相关单位的关系。

2）做好总体施工安排。以某填埋场施工为例：施工单位将工程分为生产管理区等建筑物、道路、填埋库区三个施工区，各施工区间采用平行作业，施工区内采用流水交叉作业。施工人员和机械设备在接到工程中标通知书后开始集结，合同签订后 10 日内进入施工现场，按施工组织设计要求做好施工前准备工作，筹建场地、办公生活区、临时混凝土拌和系统、水电供应系统等临时设施。

3)积极配合业主,加强与当地有关部门的协调工作,建立良好的施工调度指挥系统,突出土石方工程、防渗工程等重要施工环节,始终保持适宜的、足量的施工机械、设备和作业人员,尽量创造条件安排多班制作业,动态协调施工进度,灵活机动地组织施工,确保工期总目标的实现。

其中,填埋场建设工期的要求还与建设资金落实计划、施工条件等因素有关,在确定填埋场建设工期时,要求根据项目的实际条件合理确定建设工期,防止建设工期拖延和增加工程投资。各类填埋场建设工期安排可参考《生活垃圾卫生填埋处理工程项目建设标准》(建标 124—2009),具体见表 29。

表 29 填埋场建设工期(月)

建设规模	施工建设工期
Ⅰ类	12～24
Ⅱ类	12～21
Ⅲ类	9～15
Ⅳ类	≤12

注:1 表中所列工期以破土动工统计,不包括非正常停工;
 2 填埋场应分期建设,分期建设的工期宜参照本表确定。

条文中"准备施工设备及设施"的内容包括:

建筑材料准备:根据施工进度计划的需求,编制物资采购计划,做好取样工作,由试验室试配所需各类标号的混凝土(砂浆)配合比,确定抗渗混凝土掺加剂的种类、掺量;

土工材料及管道采购:根据工程要求,调查土工材料、管材厂家,编制土工材料、管材计划,做好施工准备;

建筑施工机具准备:按照施工机具需用量计划,组织施工机具进场;

生产工艺设备准备:按照生产工艺流程及工艺布置图要求,编制工艺设备需用量计划,组织设备进场。

条文中"合理安排施工场地"的内容包括：

施工现场控制网测量：根据给定永久性坐标和高程，进行施工场地控制网复测，设置场地临时性控制测量标桩，并做好保护；

建造临时设施：按照施工平面图及临时设施需用量计划，建造各项临时设施；

做好季节性施工准备：按照施工组织设计的要求，认真落实季节性施工的临时设施和技术组织措施；

做好施工前期调查，查明施工区域内的各种地下管线、电缆等分布情况；

施工准备阶段的工作还包括劳动组织准备和场外协调准备工作。

劳动组织准备一般包括：建立工地领导机构，组建精干的项目作业队，组织劳动力进场，做好职工入场教育培训工作。

场外协调准备工作一般包括：

地方协调工作：及时与甲方代表、监理工程师、当地政府及交通部门取得联系，协商外围事宜，做好施工前准备工作；

材料加工与订货工作：根据各项材料需用量计划，同建材及加工单位取得联系，签订供货协议，保证按时供应。

16.0.2 本条是关于填埋场工程施工和设备安装的基本要求规定。

填埋场主要工程项目一般包括场地平整、坝体修筑、防渗工程、渗沥液及地下水导排工程、填埋气体导排及处理工程、渗沥液处理工程以及生活管理区建筑工程等。

16.0.3 本条是关于填埋场工程施工变更应遵守的原则规定。

建设施工过程中，当发现设计有缺陷时，一般问题要求由建设单位、监理单位与设计单位三方协商解决，重大问题要求及时报请设计批准部门解决。

条文中"工程施工变更"是指在工程项目实施过程中，由于各种原因所引起的，按照合同约定的程序对部分工程在材料、工艺、功能、构造、尺寸、技术指标、工程数量及施工方法等方面作出的改变。变更内容包括工程量变更、工程项目的变更、进度计划变更、施工条件变更以及原招标文件和工程量清单中未包括的新增工程等。

16.0.4 本条是关于填埋场各单项建筑、安装工程施工应符合相关标准的原则规定。

填埋场建设施工要求遵循国家现行工程建设政策、法规和规范、施工和验收标准,条文中所指的"现行相关标准"主要有:

(1)《生活垃圾卫生填埋处理工程项目建设标准》建标 124

(2)《生活垃圾填埋场封场工程项目建设标准》建标 140

(3)《土方与爆破工程施工及验收规范》GBJ 201

(4)《土方与爆破工程施工操作规程》YSJ 401

(5)《碾压式土石坝施工规范》DL/T 5129

(6)《水工建筑物地下开挖工程施工技术规范》SDJ 212

(7)《水工建筑物岩石基础开挖工程施工技术规范》DL/T 5389

(8)《水工混凝土钢筋施工规范》DL/T 5169

(9)《建筑地基基础工程施工质量验收规范》GB 50202

(10)《砌体工程施工质量验收规范》GB 50203

(11)《混凝土结构工程施工质量验收规范》GB 50204

(12)《屋面工程技术规范》GB 50345

(13)《建筑地面工程施工质量验收规范》GB 50209

(14)《建筑装饰装修工程质量验收规范》GB 50210

(15)《粉煤灰石灰类道路基层施工及验收规程》CJJ 4

(16)《生活垃圾卫生填埋技术规范》CJJ 17

(17)《给水排水管道工程施工及验收规范》GB 50268

(18)《给水排水构筑物工程施工及验收规范》GB 50141

(19)《建筑防腐蚀工程施工质量验收规范》GB 50224

(20)《水泥混凝土路面施工及验收规范》GBJ 97

(21)《公路工程质量检验评定标准》JTGF 80/1

(22)《城市道路路基工程施工及验收规范》CJJ 44

(23)《现场设备、工业管道焊接工程施工规范》GB 50236

(24)《给水排水管道工程施工及验收规范》GB 50268

(25)《建筑工程施工质量验收统一标准》GB 50300

(26)《建筑电气工程施工质量验收规范》GB 50303

(27)《工业设备、管道防腐蚀工程施工及验收规范》HGJ 229

(28)《自动化仪表工程施工及质量验收规范》GB 50093

(29)《施工现场临时用电安全技术规范》JGJ 46

(30)《建筑机械使用安全技术规程》JGJ 33

(31)《混凝土面板堆石坝施工规范》DL/T 5128

(32)《混凝土面板堆石坝接缝止水技术规范》DL/T 5115

(33)《水电水利工程压力钢管制造安装及验收规范》DL/T 5017

(34)《生活垃圾渗滤液碟管式反渗透处理设备》CJ/T 279

(35)《垃圾填埋场用线性低密度聚乙烯土工膜》CJ/T 276

(36)《垃圾填埋场用高密度聚乙烯土工膜》CJ/T 234

(37)《垃圾填埋场压实机技术要求》CJ/T 301

(38)《垃圾分选机　垃圾滚筒筛》CJ/T 5013.1

(39)《钠基膨润土防水毯》JG/T 193

(40)《建筑地基基础设计规范》GB 50007

(41)《建筑边坡工程技术规范》GB 50330

(42)《建筑地基处理技术规范》JGJ 79

(43)《天然气净化装置设备与管道安装工程施工及验收规范》SY/T 0460

(44)《锅炉安装工程施工及验收规范》GB 50273

(45)《机械设备安装工程施工及验收通用规范》GB 50231

(46)《城镇燃气输配工程施工及验收规范》CJJ 33

(47)《建筑给水排水及采暖工程施工质量验收规范》GB 50242

(48)《通风与空调工程施工质量验收规范》GB 50243

(49)《工业金属管道工程施工规范》GB 50235

(50)《工业设备及管道绝热工程施工规范》GB 50126

16.0.5　本条是关于施工安装使用的材料和国外引进的专用填埋

设备与材料的原则规定。

条文中"材料应符合现行国家相关标准"所指的材料标准包括：《垃圾填埋场用高密度聚乙烯土工膜》CJ/T 234,《垃圾填埋场用线性低密度聚乙烯土工膜》CJ/T 276,《土工合材料非织造布复合土工膜》GB/T 17642;《土工合成材料应用技术规范》GB 50290;《钠基膨润土防水毯》JG/T 193 等。

条文中"使用的材料"主要包括膨润土垫(GCL),HDPE 膜、土工布和 HDPE 管材等材料。

填埋场所用其他材料与设备施工及验收可参考以下规定：

(1)发电和电气设备采用现行电力及电气建设施工及验收标准的规定。锅炉要求符合现行国家标准《锅炉安装工程施工及验收规范》GB 50273 的有关规定。

(2)通用设备要求符合现行国家标准《机械设备安装工程施工及验收通用规范》GB 50231 及相应各类设备安装工程施工及验收规范的有关规定。

(3)填埋气体管道施工要求符合国家现行标准《城镇燃气输配工程施工及验收规范》CJJ 33 的有关规定。

(4)采暖与卫生设备的安装与验收要求符合现行国家标准《建筑给水排水及采暖工程施工质量验收规范》GB 50242 的有关规定。

(5)通风与空调设备的安装与验收要求符合现行国家标准《通风与空调工程施工质量验收规范》GB 50243 的有关规定。

(6)管道工程、绝热工程要求分别符合现行国家标准《工业金属管道工程施工规范》GB 50235、《工业设备及管道绝热工程施工规范》GB 50126 的有关规定。

(7)仪表与自动化控制装置按供货商提供的安装、调试、验收规定执行,并要求符合现行国家及行业标准的有关规定。

(8)电气装置要求符合现行国家有关电气装置安装工程施工及验收标准的有关规定。

16.0.6 本条是关于填埋场工程验收应符合的基本要求的规定。

对于条文中第3款：防渗工程的验收中，膨润土垫及HDPE膜验收检验的取样要求按连续生产同一牌号原料、同一配方、同一规格、同一工艺的产品，检验项目按膨润土毯及HDPE膜性能内容执行，配套的颗粒膨润土粉要求使用生产商推荐的并与膨润土毯中相同的钠基膨润土，同时检查在运输过程中有无破损、断裂等现象，须验明产品标识。HDPE膜焊接质量的好坏是防渗机能成败的关键，所以防渗工程要求由专业膜施工单位进行施工或膜焊接宜由出产厂家派专业技术职员到现场操作、指导、培训，采用土工膜专用焊接设备进行，要求有HDPE膜焊接检查记录及焊接检测报告。

对于条文中第5款：渗沥液收集系统的施工操作要求符合设计要求，施工前要求对前项工程进行验收，合格后方可进行管网的安装施工，并在施工过程中根据工程顺序进行质量验收。

重要结构部位、隐蔽工程、地下管线，要求按工程设计要求和验收规范，及时进行中间验收。未经中间验收，不得进行后续工程。

填埋场建设各个项目在验收前是否要安排试生产阶段，按各个行业的规定执行。对于国外引进的技术或成套设备，要求按合同规定完成负荷调试、设备考核合格后，按照签订的合同和国外提供的设计文件等资料进行竣工验收。除此之外，设备材料的验收还需包括下列内容：

到货设备、材料要求在监理单位监督下开箱验收并做以下记录：箱号、箱数、包装情况，设备或材料名称、型号、规格、数量，装箱清单、技术文件、专用工具，设备、材料时效期限，产品合格证书；

检查的设备或材料符合供货合同规定的技术要求，应无短缺、损伤、变形、锈蚀；

钢结构构件要求有焊缝检查记录及预装检查记录。

填埋场建设工程竣工验收程序可参考《建设项目（工程）竣工

验收办法》的规定,具体程序如下:

(1)根据建设项目(工程)的规模大小和复杂程度,整个建设项目(工程)的验收可分为初步验收和竣工验收两个阶段进行。规模较大、较复杂的建设项目(工程)要先进行初验,然后进行全部建设项目(工程)的竣工验收。规模较小、较简单的项目(工程)可以一次进行全部项目(工程)的竣工验收。

(2)建设项目(工程)在竣工验收之前,由建设单位组织施工、设计及使用等有关单位进行初验。初验前由施工单位按照国家规定,整理好文件、技术资料,向建设单位提出交工报告。建设单位接到报告后,要求及时组织相关单位初验。

(3)建设项目(工程)全部完成,经过各单项工程的验收,符合设计要求,并具备竣工图表、竣工决算、工程总结等必要文件资料,由项目(工程)主管部门或建设单位向负责验收的单位提出竣工验收申请报告。

建设工程竣工验收前要求完成下列准备工作:

制订竣工验收工作计划;

认真复查单项工程验收投入运行的文件;

全面评定工程质量和设备安装、运转情况,对遗留问题提出处理意见;

认真进行基本建设物资和财务清理工作,编制竣工决算,分析项目概预算执行情况,对遗留财务问题提出处理意见;

整理审查全部竣工验收资料,包括开工报告,项目批复文件;各单项工程、隐蔽工程、综合管线工程竣工图纸,工程变更记录;工程和设备技术文件及其他必需文件;基础检查记录,各设备、部件安装记录,设备缺损件清单及修复记录;仪表试验记录,安全阀调整试验记录;试运行记录等;

妥善处理、移交厂外工程手续;

编制竣工验收报告,并于竣工验收前一个月报请上级部门批准。

填埋场建设工程验收宜依据以下文件:主管部门的批准文件,

批准的设计文件及设计修改,变更文件,设备供货合同及合同附件,设备技术说明书和技术文件,各种建筑和设备施工验收规范及其他文件。

填埋场建设工程基本符合竣工验收标准,只是零星土建工程和少数非主要设备未按设计规定的内容全部建成,但不影响正常生产时,亦可办理竣工验收手续。对剩余工程,要求按设计留足投资,限期完成。

S/N:1580242·139

统一书号：1580242·139

定　　价：36.00元

UDC

中华人民共和国国家标准

P

GB 50869－2013

生活垃圾卫生填埋处理技术规范

Technical code for municipal solid waste sanitary landfill

2013－08－08　发布　　　　2014－03－01　实施

中华人民共和国住房和城乡建设部
中华人民共和国国家质量监督检验检疫总局　联合发布